高等职业教育“十三五”规划教

建筑材料与检测实训指导书

主　编　郑贤忠
副主编　连　丽　王荣涛
主　审　周　义

北京理工大学出版社
BEIJING INSTITUTE OF TECHNOLOGY PRESS

内 容 提 要

本书共分为十三个项目，主要内容包括建筑材料基本性质试验、水泥检测、混凝土用细集料检测、混凝土用粗集料检测、普通混凝土性能检测、建筑砂浆性能检测、钢筋力学及工艺性能检测、砌墙砖性能检测、混凝土小型空心砌块性能检测、石油沥青性能检测、改性沥青防水卷材性能检测、建筑外门窗物理三性检测、建筑装饰材料市场调查等。

本书可作为高职高专院校建筑工程技术相关专业的教材，也可作为函授和自考辅导用书，还可供建筑工程施工现场相关技术和管理人员工作时参考使用。

图书在版编目（CIP）数据

建筑材料与检测实训指导书 / 郑贤忠主编.—北京：北京理工大学出版社，2017.6
ISBN 978-7-5682-4233-2

Ⅰ.①建…　Ⅱ.①郑…　Ⅲ.①建筑材料-检测　Ⅳ.①TU502

中国版本图书馆CIP数据核字(2017)第151758号

出版发行 / 北京理工大学出版社有限责任公司
社　　址 / 北京市海淀区中关村南大街5号
邮　　编 / 100081
电　　话 / (010)68914775(总编室)
(010)82562903(教材售后服务热线)
(010)68948351(其他图书服务热线)
网　　址 / http://www.bitpress.com.cn
经　　销 / 全国各地新华书店
印　　刷 / 北京紫瑞利印刷有限公司
开　　本 / 787毫米×1092毫米　1/16
印　　张 / 9
字　　数 / 214千字
版　　次 / 2017年10月第1版　2017年10月第1次印刷
定　　价 / 32.00元

责任编辑 / 李玉昌
文案编辑 / 韩艳方
责任校对 / 周瑞红
责任印制 / 边心超

图书出现印装质量问题，请拨打售后服务热线，本社负责调换

前言

《建筑材料与检测实训指导书》是《建筑材料与检测》的配套教材。

建筑材料试验是一门与生产密切联系的科学技术，作为工程技术人员，必须具备一定的建筑材料试验的知识和技能，才能正确评价材料质量，合理而经济地选择和使用材料。

学生通过建筑材料的实训操作，不仅可以对主要建筑材料的技术要求、试验基本原理和试验方法有所了解和掌握，培养必要的专业素质，同时还可以提高分析和解决问题的能力，培养严肃认真、实事求是的工作作风，为后续课程的学习和日后胜任相关领域的专业技术工作奠定良好的基础。

实训之前进行预习，明确实训目的，是圆满完成实训任务的前提和保证，实训操作中的记录和数据分析是整个实训过程的重要一环，必须注意观察出现的各种现象，认真做好记录，以便正确处理试验数据（对平行试验应注意取得一个有意义的平均值）和正确分析试验结果（包括分析试验结果的可靠程度，说明在既定试验方法下所得成果的适用范围，将试验结果与材料质量标准相比较并作出结论）。

本书将整个实训过程分为十三个项目。实训教学以下发任务书的形式，让学生接受检测任务后，自己熟悉国家相关检测标准和试验规范，自己确定检测方案，自己选择仪器设备，分小组进行试验，从而调动学生的积极性，提高自主学习的能力。

本书在编写内容和形式上具有以下特色：

（1）内容上对应行业标准和职业能力要求。教材在内容上与建筑行业的材料员、施工员、监理员的职业岗位紧密对接，为建筑工程技术和工程监理专业提供建筑材料取样和性能检测的必备知识。

（2）实训内容紧密联系实际。教材模拟实际工程现场，先取样，再进行材料性能检测，然后根据检测结果进行判定。所有试验结果的表格都采用工地上实际使用的表格。

（3）适用性强。本书按照“分项目、全过程连续进行”的实践教学课程设置，使学生通过这一系列的连续项目的实际训练，掌握工程材料实际建筑施工中的应用和检测。学生可以在一个完整的、课时相对比较长的学期内，连续、不间断、由浅入深地完成各个实践教学项目任务，最终达到强化其上手能力的目的。

本书由广州城建职业学院郑贤忠担任主编，广州城建职业学院连丽、王荣涛任副主编。具体编写分工如下：项目一～项目七由郑贤忠编写；项目八～项目十由连丽编写；项目十一～项目十三由王荣涛编写。全书由高级工程师周义主审。

由于编写时间仓促，加之编者水平有限，书中难免有欠妥之处，敬请读者批评指正，并提出宝贵的修改意见和建议，以便不断完善本书。

编　者

目录

项目一

建筑材料基本性质试验

任务一　检测任务实施

一、密度试验

1. 试验目的

材料的密度是指在绝对密实状态下单位体积的质量。利用密度可计算材料的孔隙率和密实度。孔隙率的大小会影响到材料的吸水率、强度、抗冻性及耐久性等。

2. 试验仪器

(1)李氏瓶。

(2)天平。

(3)筛子。

(4)鼓风烘箱。

(5)量筒。

(6)干燥器。

(7)温度计。

3. 试样制备

将试样研碎，用筛子除去筛余物，放到105 ℃～110 ℃的烘箱中，烘至恒重，再放入干燥器中冷却至室温。

4. 试验步骤

(1)在李氏瓶中注入与试样不起反应的液体至凸颈下部，记下刻度数 V_0(cm^3)。将李氏瓶放在盛水的容器中，在试验过程中保持水温为 20 ℃。

(2)用天平称取 60～90 g 试样，用漏斗和小勺小心地将试样慢慢送到李氏瓶内(不能大量倾倒，防止在李氏瓶喉部发生堵塞)，直至液面上升至接近 20 cm^3 为止。再称取未注入瓶内剩余试样的质量，计算出送入瓶中试样的质量 m(g)。

(3)用瓶内的液体将黏附在瓶颈和瓶壁的试样洗入瓶内液体中，转动李氏瓶使液体中的气泡排出，记下液面刻度 V_1(cm^3)。

(4)用注入试样后的李氏瓶中的液面读数 V_1，减去未注入前的读数 V_0，得到试样的密

实体积 V(cm^3)。

5. 试验结果计算

材料的密度按下式计算(精确至小数点后第2位):

$$\rho=\frac{m}{V}$$

式中 ρ——材料的密度(g/cm^3);

m——装入瓶中试样的质量(g);

V——装入瓶中试样的绝对体积(cm^3)。

密度试验用两个试样平行进行,以其计算结果的算术平均值为最后结果,但两个结果之差不应超过 0.02 g/cm^3。

二、表观密度试验

1. 试验目的

材料的表观密度是指在自然状态下单位体积的质量。利用材料的表观密度可以估计材料的强度、吸水性、保温性等,同时,可用来计算材料的自然体积或结构物质量。

2. 试验仪器设备

(1)游标卡尺。

(2)天平。

(3)鼓风烘箱。

(4)干燥器。

(5)直尺。

3. 试验步骤

(1)对几何形状规则的材料:将待测材料的试样放入 105 ℃～110 ℃的烘箱中烘至恒重,取出置于干燥器中冷却至室温。

1)用游标卡尺量出试样尺寸,试样为正方体时,以每条棱长测量上、中、下三次的算术平均值为准,并计算出体积 V_0;试样为圆柱体时,以两个互相垂直的方向分别测量其直径,各方向上、中、下分别测量三次,以六次的算术平均值为准确定其直径,再测量其高度,并计算出体积 V_0。

2)用天平称量出试样的质量 m。

3)试验结果计算。材料的表观密度按下式计算:

$$\rho_0=\frac{m}{V_0}$$

式中 ρ_0——材料的表观密度(g/cm^3);

m——试样的质量(g);

V_0——试样的体积(cm^3)。

(2)对非规则几何形状的材料(如卵石等):其自然状态下的体积 V_0 可用排液法测定,在测定前应对其表面封蜡,封闭开口孔后,再用容量瓶或广口瓶进行测试,如图 1-1 所示。其余步骤同规则形状试样的测试。

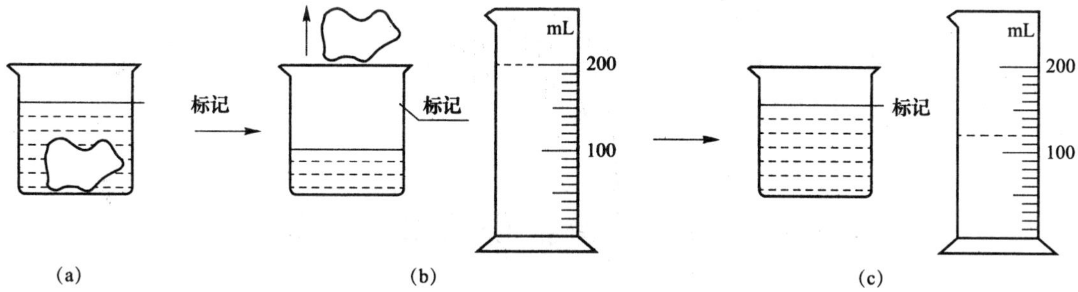

图 1-1　排液法测定体积

(a)加水到标记(矿石浸没于水中)；(b)取出矿石(准备补充水)；(c)将量筒中水倒入烧杯中至标记

三、堆积密度试验

1. 试验目的

堆积密度是指散粒或粉状材料(如砂、石等)在自然堆积状态下(包括颗粒内部的孔隙及颗粒之间的空隙)单位体积的质量。利用材料的堆积密度可估算散粒材料的堆积体积及质量，同时可考虑材料的运输工具及估计材料的级配情况等。

2. 试验仪器

(1)鼓风烘箱。

(2)容量筒。

(3)天平。

(4)标准漏斗。

(5)直尺。

(6)浅盘。

(7)毛刷。

3. 试样制备

用四分法缩取 3 L 的试样放入浅盘中，将浅盘放入温度为 105 ℃～110 ℃的烘箱中烘至恒重，再放入干燥器中冷却至室温，分为两份大致相等的试样待用。

4. 试验步骤

(1)称取标准容器的质量 m_1(kg)。

(2)取试样一份，经过标准漏斗将其徐徐装入标准容器内，待标准容器顶上形成锥形时，用直尺将多余的材料沿容器口中心线向两个相反方向刮平。

(3)称取容器与材料的总质量 m_2(kg)。

5. 试验结果计算

试样的堆积密度可按下式计算(精确至 10 kg/m^3)：

$$\rho_0' = \frac{m_2 - m_1}{V_0'}$$

式中　ρ_0'——材料的堆积密度(kg/m^3)；

　　　m_1——标准容器的质量(kg)；

m_2——标准容器和试样总质量(kg)；

V_0'——标准容器的容积(m^3)。

以两次试验结果的算术平均值作为堆积密度测定的计算结果。

任务二　试验报告及结果处理

一、密度测定

密度测定试验记录见表 1-1。

表 1-1　密度测定试验记录

试验温度/℃			备注
试验次数	1	2	
试样质量 m/g			
李氏密度瓶内液面初读数 V_1/cm^3			
加入试样后，瓶内液面读数 V_2/cm^3			
试样体积 $V=V_2-V_1/cm^3$			
密度 $\rho=\frac{m}{V}/(g\cdot cm^{-3})$			
平均密度/($g\cdot cm^{-3}$)			

二、表观密度测定(以长方体试样为例)

表观密度测定试验记录见表 1-2。

表 1-2　表观密度测定试验记录

试验温度/℃									
试件编号		1				2			
测量次数		1	2	3	平均值	1	2	3	平均值
试件尺寸	长 a/cm								
	宽 b/cm								
	高 c/cm								
试件体积 $V_0=a\times b\times c/cm^3$									
试件质量 m/g									
表观密度 $\rho_0=\frac{m}{V_0}/(g\cdot cm^{-3})$									
平均表观密度/($g\cdot cm^{-3}$)									

三、堆积密度测定

堆积密度测定试验记录见表 1-3。

表 1-3　堆积密度测定试验记录

试验次数	1	2	备　注
容量筒重量 m_1/kg			
容量筒装砂总重量 m_2/kg			
容量筒容积 V_0'/m^3			
堆积密度 ρ_0'/(kg · m^{-3})			
堆积密度平均值/(kg · m^{-3})			

四、空隙率计算

$$P=\left(1-\frac{\rho_0'}{\rho_0}\right)\times 100\%$$

五、思考题

(1)使用砖、石等材料作密度试验时，为什么要磨成细粉状，应该磨多细?

(2)用李氏瓶测定材料的体积时，应该用什么液体？

(3)测定密度时，应将仪器、液体的温度控制在什么范围内？

(4)测定容重前，为什么要把试样烘干？一般材料应在多少温度下烘干？

(5)什么叫作烘干到恒重？

项目二

水泥检测

任务一　水泥试验取样

一、取样执行标准

水泥试验取样应执行以下标准：《通用硅酸盐水泥》(GB 175—2007)、《水泥取样方法》(GB/T 12573—2008)、《混凝土结构工程施工质量验收规范》(GB 50204—2015)。

二、取样工具

取样工具采用手工取样器。

三、取样批量

水泥抽样检验应按批进行：

(1)混凝土结构中水泥检查数量：按同一生产厂家、同一等级、同一品种、同一批号且连续进场的水泥，袋装不超过 200 t 为一批，散装不超过 500 t 为一批，每批抽样不少于一次。

(2)砌筑砂浆水泥检查数量：检验批应以同一生产厂家、同一编号为一批。

四、取样部位

一般在以下部位取样：

(1)袋装水泥堆场；

(2)散装水泥卸料处或输送水泥运输机具上。

五、取样方法

取样应有代表性，可连续取，也可随机选择 20 个以上不同部位取等量样品。

六、取样数量

取样总量 20 kg 以上，缩分成试验样和封存样两等份。

七、样品标志

样品标志内容包括：建设单位、施工单位、工程名称、水泥厂家、品种等级、包装日期、出厂编号以及水泥批量。

八、包装及送样

水泥样品要妥善包装，特别注意防潮。取样后应及时送试验室，并填写好与样品标志相符的委托单，交试验人员。

九、其他

水泥进场后应立即取样试验。当在使用中对水泥质量有怀疑或水泥出厂超过三个月(快硬硅酸盐水泥超过一个月)时，应进行复验，并按复验结果使用。钢筋混凝土结构、预应力混凝土结构中，严禁使用含氯化物的水泥。砌筑砂浆中不同品种的水泥，不得混合使用。

十、检测项目

混凝土及地面工程进行强度检测、水泥安定性检测、凝结时间检测，抹灰工程只需对水泥的凝结时间和安定性进行检验即可。注意：对试验不合格产品应双倍取样检测。

任务二　检测任务的实施

一、水泥标准稠度用水量测定

1. 试验目的

进行水泥凝结时间和安定性试验时，水泥净浆需在标准稠度的条件下测定。水泥标准稠度用水量作为水泥需水量指标，对水泥混凝土的强度和耐久性有极其重要的意义。

2. 试验仪器

(1)水泥净浆搅拌机：如图 2-1 所示，应符合《水泥净浆搅拌机》(JC/T 729—2005)的要求，其由搅拌锅、搅拌叶片、传动机构和控制系统组成。搅拌叶片在搅拌锅内做与旋转方向相反的公转和自转，并可在竖直方向调节，搅拌机可以升降，控制系统具有按程序自动控制和手动控制两种功能。

(2)标准法维卡仪：如图 2-2 所示，测定标准稠度用水量时，试杆有效长度为 50 mm±1 mm，直径为 10 mm±0.05 mm，承装水泥净浆的试模为深 40 mm±0.2 mm、顶内径为 65 mm±0.5 mm、底内径为 75 mm±0.5 mm 的截顶圆锥体。

(3)玻璃板：大于试模直径、厚度≥2.5 mm。

(4)量杯。

(5)天平。

(6)滴管。

图 2-1　水泥净浆搅拌机

图 2-2　标准法维卡仪

3. 试验步骤

(1)标准稠度用水量可采用调整水量和不变水量两种方法中的任一种来测定。如检测结果发生矛盾时，以前者为准。

(2)试验操作前必须检查测定仪的金属棒能否自由滑动，当试锥降至玻璃板面位置时，指针应对准标尺零点，搅拌机应运转正常。

(3)用水泥净浆搅拌机搅拌，搅拌锅和搅拌叶片先用拧干的湿抹布擦抹，将拌合水倒入搅拌锅内，再将称好的 500 g 水泥加入水中，倒入时防止水和水泥溅出；拌和时先将搅拌锅放到搅拌机的锅座上，升至搅拌位置，固定好，启动搅拌机低速搅拌 120 s，停拌 15 s，此时将搅拌叶片和搅拌锅壁上的水泥浆刮入搅拌锅中间，接着快速搅拌 120 s，搅拌完毕。

(4)搅拌结束后，立即将拌制好的水泥净浆装入已置于玻璃板上的试模中，用小刀振捣密实，刮去多余净浆，抹平后迅速将底板和试模移到维卡仪上，并将其中心定在试杆下，将试杆降至与水泥净浆表面接触。拧紧螺钉 1～2 s 后，突然放松，使试杆垂直自由地沉入水泥净浆中。在试杆停止沉入或释放试杆 30 s 时记录试杆至底板之间的距离，升起试杆后，立即擦净；整个操作在搅拌后的 90 s 内完成。以试杆沉入净浆并距离底面 6 mm±1 mm 的水泥净浆为标准稠度净浆。其拌和用水量为该水泥的标准稠度用水量，按水泥质量的百分比计。

4. 注意事项

(1)称量要精确，在将水泥倒入搅拌锅时要注意，不要倒至搅拌锅外。

(2)重复测定时，一定要将上次试验所用的仪器清洗干净，重新称量水泥和水的用量。

(3)注意安全，一定要等搅拌完全停止后，再取下搅拌锅。

(4)保持实训室卫生，试验完毕后清洗仪器，整理操作台。

5. 试验结果计算

用调整水量方法测定时，以试杆沉入净浆并距离底面 6 mm±1 mm 时的拌和水量为标准稠度用水量(P)，以水泥质量百分比计，即

$$P=\frac{m_1}{m_2}\times 100\%$$

式中　m_1——水泥净浆达到标准稠度时的拌和用水量(g)；

　　　m_2——水泥的质量(g)。

二、水泥胶砂强度检验

1. 试验目的

根据《水泥胶砂强度检验方法(ISO法)》(GB/T 17671—1999)来检验并确定水泥的强度等级。

2. 试验仪器

(1)行星式水泥胶砂强度搅拌机：应符合《水泥胶砂强度检验方法(ISO法)》(GB/T 17671—1999)的要求，如图2-3所示，工作时搅拌叶片既绕自身轴线，又沿搅拌锅周边公转。

(2)水泥胶砂试体成型振实台：如图2-4所示，其主要技术参数如下：振动部分总重量为20 kg，振实台振幅15 mm，振动频率60次/60 s。

图2-3　行星式水泥胶砂强度搅拌机

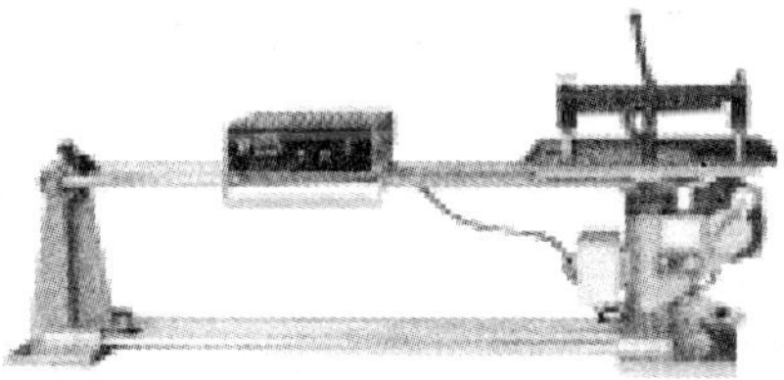

图2-4　水泥胶砂试体成型振实台

(3)试模：如图2-5所示，为可装卸的三联模尺寸为40 mm×40 mm×160 mm，由隔板、端板、底座组成。组成后三板内壁个接触面应相互垂直。

(4)水泥抗折试验机：如图2-6所示。

(5)钢尺。

(6)电子秤。

(7)滴管。

(8)量杯。

(9)大(小)播料器。

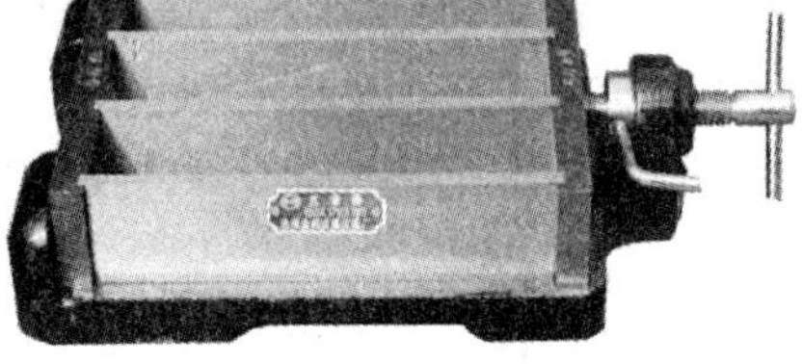

图2-5　试模

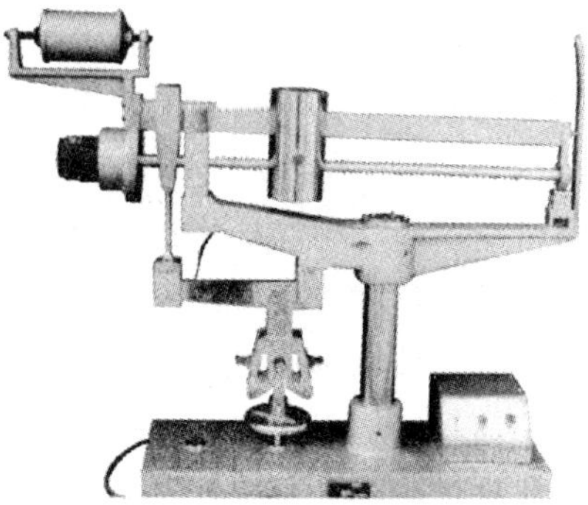

图2-6　水泥抗折试验机

3. 试验步骤

(1)试件成型。

1)准备：将试模清理干净，紧密装配，防止漏浆，内壁均匀涂一层机油。

2)材料称重：水泥胶砂强度应用中国 ISO 标准砂。ISO 标准砂由 1～2 mm 粗砂、0.5～1.0 mm 中砂、0.08～0.5 mm 细砂组成，各级砂质量为 450 g，通常以 1 350 g±5 g 包装成袋，可以成型三条试件，水泥(可选用 P·O、P·S、P·F、P·P、P·C)的用量为 450 g±2 g，水的用量为 225 g±1 g，所以，采用的水胶比为 0.5；灰砂比为 1∶3。

3)搅拌：拌和程序为：低速 30 s→加砂 30 s→高速 30 s→停 90 s→高速 60 s，共计 240 s，搅拌完毕后，将叶片上的砂浆刮下，取下搅拌锅，装试模。

4)成型：将装好、涂完油的空试模和模套固定到振实台上，试模和模套应对齐，将搅拌锅内的砂浆分两次装入试模，第一次先装入第一层，用大播料器垂直架在模套顶部，沿每个模槽来回一次，多余的刮出，不足的填满，将料层播平，开启振动台振实 60 下。

再装入第二层，用小播料器播平，振实 60 下。取下试模，用一金属直尺近似 90°角架在试模顶部的一端，缓慢地割向另一端，一次将多余的砂浆割去，再将试件抹平。然后用一张纸写上班级、组号、成型日期。

(2)试件养护。《水泥胶砂强度检验方法(ISO 法)》(GB/T 17671—1999)规定试验室温度为 20 ℃±2 ℃，相对湿度≥50%，湿气养护箱温度为 20 ℃±1 ℃，相对湿度≥90%，养护水温度为 20 ℃±1 ℃，试验室温、湿度及养护水温度在工作期间每天至少记录一次，湿气养护箱温、湿度至少每 4 h 记录一次。

1)脱模前的处理和养护。去掉留在试模四周的胶砂，立即将做好标记的试模放入雾室或湿箱的水平架上养护，湿空气应能与试模各边接触。养护时不应将试模放到其他试模上。一直养护到规定的脱模时间取出脱模。脱模前，用颜料笔按班级、组号、日期进行编号。两个龄期以上的试体，在编号时应将同 1 试模中的 3 条试体分在两个以上龄期内。

2)对于 24 h 以内龄期的，应在破型试验前 20 min 内脱模。对于 24 h 以上龄期的，应在成型后 20～24 h 脱模。将脱模后做好标记的试块立即水平或竖直放在湿气养护箱内或放在规定条件下的水中养护，水平放置时刮平面应朝上。

3)到龄期的试体应在试验前 15 min 取出试件，并用湿抹布覆盖至试验。

(3)强度检测。

1)抗折强度检测。分别对养护龄期内的 3 d±2 h、28 d±3 h 的试件取出三条先检测抗折强度，试验前擦去试件表面的水分和砂粒，清除夹具上圆柱表面沾着的杂物。将试件的侧面与圆柱接触。采用杠杆式水泥抗折试验机时(图 2-6)，在试件放入前，应先将游动砝码移至零刻度线，调整平衡砣使杠杆处于平衡状态。试件放入后调整夹具，使杠杆有一仰角，从而在试件折断时尽可能地接近平衡位置。启动电动机，杠杆转动带动游动砝码给试件加荷；试件折断后读杠杆上面标尺的读数，即可直接得出破坏荷载和抗折强度。

以 1 组 3 个棱柱体抗折强度的平均值作为试验结果。当 3 个强度值中有超出平均值±10%时，应剔除后再取平均值作为抗折强度试验结果。

2)抗压强度检测。抗压强度试验通过标准规定的仪器，在半截棱柱体的侧面进行，试件受压面积为 40 mm×40 mm。试验前清除试件的受压面与加压板间的砂粒和杂物，加荷速度为 2 400 N/s±200 N/s，均匀加荷。抗压强度为

$$f_c = \frac{F}{A}$$

式中　f_c——抗折强度(MPa)；

F——破坏荷载(N)；

A——受压面积，1 600(mm^2)。

以1组3个棱柱体上得到的6个抗折强度测定值的算术平均值为试验结果。如果6个测定值中有1个超出测定值的±10%，就应剔除这个结果，而以剩下的5个平均值为结果。如果5个测定值中再有超过它们平均数的±10%的值，则此组结果作废。

4. 注意事项

(1)称量应精确，在将水泥倒入搅拌锅时要注意，不要倒至搅拌锅外。在加砂的过程中用细钢丝进行疏通，以免堵塞。

(2)注意安全，搅拌完毕后应取下搅拌锅。

(3)在将砂浆装入试模时，要均匀分层装入。

(4)在抗折、抗压试样时用试件的侧面做受压面，试验前将夹具和压板上的杂物清理干净。

三、水泥净浆凝结时间测定

1. 试验目的

确定水泥初凝结时间和终凝时间作为评定水泥质量的依据。

2. 试模仪器设备

测定仪器与测定标准稠度时所用的测定仪器相同，但试杆应换成试针，装净浆用的试模仍然是圆模；水泥净浆搅拌机与测定标准稠度时所用的相同。

3. 试验步骤

(1)测定前，将圆模放在玻璃板上，调整测定仪试针接触玻璃板时，指针对准标尺顶处。

(2)称取水泥试样500 g，以标准稠度用水量(P)，记录水泥全部加入水中的时间作为凝结时间的起始时间。按测定标准稠度时拌和净浆的方法制成净浆，立即一次装入圆模，振动数次后刮平，然后放入养护箱内。

(3)测定时，从养护箱取出圆模放到试针下，使试针与净浆面接触，拧紧螺钉，固定试杆，然后突然放松，试针垂直自由沉入净浆，此时观察指针读数。

1)初凝时间的测定：试件在湿气养护箱中养护至加水后30 min时进行第1次测定，临近初凝时，每隔5 min测定1次，观察试针停止下沉时指针读数。测定时，从湿气养护箱中取出试模放到试针下，降低试针与水泥净浆表面接触。拧紧螺钉1～2 s后，突然放松，试针垂直自由地沉入水泥净浆。观察试针停止下沉或释放试针30 s时指针的读数。当试针沉至距底板4 mm±1 mm时，为水泥达到初凝状态。由水泥全部加入水中至初凝状态的时间为水泥的初凝时间，用“min”表示。

2)终凝时间的测定：为了准确观测试针沉入的状况，在终凝针上安装了1个环形附件。在完成初凝时间测定后，立即将试模连同浆体以平移的方式从玻璃板取下，翻转180°，使直径大端向上，小端向下放在玻璃板上，再放入湿气养护箱中继续养护，临近终凝时间时每隔 15 min 测定 1 次，当试针沉入试体 0.5 mm 时，即环形附件开始不能在试体上留下痕迹时，为水泥达到终凝状态。由水泥全部加入水中至终凝状态的时间为水泥的终凝时间，用“min”表示。

(4)测定时应注意，在最初测定的操作时应轻轻扶持金属棒，使其徐徐下降以防试针撞弯，但结果以自由下落为准；在整个测试过程中试针贯入的位置至少要距圆模内壁 10 mm。达到初凝或终凝状态时应立即重复 1 次，当两次结论相同时才能定为到达初凝或终凝状态。

四、安定性的测定

1. 试验目的

检验水泥中游离钙对安定性的影响。

2. 试验仪器

净浆搅拌机、煮沸箱、雷氏夹、雷氏夹膨胀值测定仪、湿气养护箱、普通天平、量筒、小刀、0.9 mm 方孔筛。

3. 试验步骤

试验方法分为饼法和雷氏法。

(1)饼法。

1)称取已通过 0.9 mm 方孔筛的水泥试样 500 g，量好标准稠度用水量(精确至 0.5 mL)，按测定标准稠度用水量的方法制成净浆。

2)从搅拌好的净浆中取出约 1/3，分成两等份，使其呈球形，放在涂好脱模剂的玻璃板上，轻轻振动玻璃板，使水泥浆扩展成试饼。

3)用湿抹布擦过的刮刀，从试饼的边缘向中心抹动，做成直径为 70～80 mm、中心厚约为 10 mm、边缘渐薄、表面光滑的试饼，接着将试饼放入养护箱内，自成型时起养护 24 h±3 h。

4)从玻璃板上取下试饼，先检查试饼是否完整，在试饼无缺陷的情况下将试饼放在沸腾箱内水中的篦板上，然后在 30 min±5 min 内加热至沸腾，并恒沸 3 h±5 min。在整个沸煮过程中，使水面高出试饼 30 mm 以上。煮毕，将水放出，等箱内温度冷却至室温时，取出检查。

5)结果判别：目测试饼未发现裂缝，用钢直尺检查也没有弯曲(使钢直尺和试饼底部紧靠，以两者间不透光为不弯曲)的试饼为安定性合格；反之，为不合格。当两个试饼判别结果有矛盾时，该水泥的安定性为不合格。

(2)雷氏法(选做)。

1)将预先准备好的雷氏夹放在已涂好脱模剂的玻璃板上，并立刻将制好的标准稠度净浆装满圆模，装模时一只手轻轻扶持圆模，另一只手用宽约为 10 mm 的小刀插捣 15 次左右然后抹平，盖上涂好脱模剂的玻璃板，接着立刻将圆模移至湿气养护箱内养护 24 h±2 h。

2)从养护箱内取出试件，脱去玻璃板。先测量试件指针尖端间的距离(A)，精确至 0.5 mm，接着将试件放在篦板上，指针朝上，试件之间互不交叉。煮沸时，调整好沸煮箱内水位，保证整个沸煮过程都能没过试件，不需要中途加水；然后在 30 min±5 min 内加热至沸腾并保持 3 h±5 min。

3)煮沸结束，即放掉箱中的热水，打开箱盖，待箱体冷却至室温，取出试件进行判别。

测量雷氏夹试件指针针尖端间的距离(C)，记录至小数点后一位，当两个试件煮后增大距离(C—A)的平均值不大于5.0 mm时，即认为该水泥安全性合格，当两个试件煮后增大距离(C—A)值相差超过4 mm时，应用同一样品立即重做试验。

五、水泥细度试验(负压筛法)

1. 试验目的

确定水泥的粗细程度，将其作为评定水泥质量的依据。

2. 试验仪器

(1)负压筛(包括80 μm方孔圆筛、筛座、负压源、负压测定仪等)。

(2)天平。

3. 试验步骤

(1)筛析试验前，应把负压筛放在筛座上，盖上筛盖，接通电源，检查控制系统，调节负压至4 000～6 000 Pa。

(2)称取试样25 g，置于洁净的负压筛中，盖上筛盖，放在筛座上，开动筛析仪连续筛析2 min，在此期间如有试样附着在筛盖上，可轻轻地敲击筛盖，使试样落下。筛毕，用天平称量筛余物。

(3)当工作负压小于4 000 Pa时，应清理吸尘器内水泥，使负压恢复正常。

4. 试验结果计算

水泥试样筛余百分数按下式计算：

$$F=\frac{R_S}{W}\times 100\%$$

式中 F——水泥试样的筛余百分数(%)；

R_S——水泥筛余物的质量(g)；

W——水泥试样的质量(g)。

计算结果精确至0.1%。

任务三　试验报告及结果处理

一、数据记录与处理(水泥标准稠度用水量)

数据记录处理(水泥标准稠度用水量)见表2-1。

表2-1　水泥标准稠度用水量数据记录与处理

执行标准：__________　　测试方法：__________

编号	试样质量/g	加水量/mL	试杆距底板距离 S/mm	标准稠度 P/%

二、数据记录与处理(水泥胶砂强度检测 ISO 法)

数据记录与处理(水泥胶砂强度检测 ISO 法)见表 2-2。

表 2-2　水泥胶砂强度检测 ISO 法数据记录与处理

执行标准：____________

编号	龄期	抗折破坏荷载/N	抗折强度/MPa	抗折强度平均值/MPa	抗压破坏荷载/N		抗压强度/MPa		抗压强度平均值/MPa
1	3 d								
2									
3									
1	28 d								
2									
3									

三、水泥物理性能试验报告

水泥物理性能试验报告见表 2-3。

表 2-3　水泥物理性能试验报告

试验日期：________年____月____日

水泥品种			原注强度等级	生产厂名	出厂日期
项目			检验		品质指标
			规程编号	实测值	按 GB
细度	比表面积		GB/T 8074—2008	m^2/kg	不小 300 m^2/kg
	80 μm 筛孔筛余		GB/T 1345—2005	%	不得超过 10%
凝结时间		初凝	GB/T 1346—2011	h　mim	不得早于　　min
		终凝		h　min	不得大于　h　　min
安定性		雷氏法		mm	不得大于 5 mm
		饼法			用沸煮法检验必须合格
强度	抗折	3 d	GB/T 17671—1999	MPa	不得低于　　　MPa
		7 d		MPa	不得低于　　　MPa
		28 d		MPa	不得低于　　　MPa
	抗压	3 d		MPa	不得低于　　　MPa
		7 d		MPa	不得低于　　　MPa
		28 d		MPa	不得低于　　　MPa
结论					

注：

(1)普通水泥 80 μm 方孔筛筛余不得超过 10.0%。

(2)凝结时间：硅酸盐水泥初凝不得早于 45 min，终凝不得迟于 6.5 h，普通水泥初凝不得早于 45 min，终凝不得迟于 10 h。

(3)强度：水泥强度等级按规定龄期的抗压强度和抗折强度来划分，各强度等级水泥的各龄期强度不得低于表 2-4 数值。

表 2-4　水泥强度等级

品　种	强度等级	抗压强度		抗折强度	
		3 d	28 d	3 d	28 d
硅酸盐水泥	42.5	≥17.0	≥42.5	≥3.5	≥6.5
	42.5R	≥22.0		≥4.0	
	52.5	≥23.0	≥52.5	≥4.0	≥7.0
	52.5R	≥27.0		≥5.0	
	62.5	≥28.0	≥62.5	≥5.0	≥8.0
	62.5R	≥32.0		≥5.5	
普通硅酸盐水泥	42.5	≥17.0	≥42.5	≥3.5	≥6.5
	42.5R	≥22.0		≥4.0	
	52.5	≥23.0	≥52.5	≥4.0	≥7.0
	52.5R	≥27.0		≥5.0	
矿渣硅酸盐水泥 火山灰质硅酸盐水泥 粉煤灰硅酸盐水泥 复合硅酸盐水泥	32.5	≥10.0	≥32.5	≥2.5	≥5.5
	32.5R	≥15.0		≥3.5	
	42.5	≥15.0	≥42.5	≥3.5	≥6.5
	42.5R	≥19.0		≥4.0	
	52.5	≥21.0	≥52.5	≥4.0	≥7.0
	52.5R	≥23.0		≥4.5	

四、试验记录(负压筛法)

试验记录(负压筛法)见表 2-5。

表 2-5　负压筛法试验记录

项目	第 1 次	第 2 次
烘干后筛余生产物重/g		
筛余百分数/%		
平均筛余百分数/%		

五、思考题

(1)通常测定标准稠度用水量有哪几种方法？若发生矛盾时以哪种为准？

(2)在使用标准维卡仪之前怎样对其调零？

(3)何为标准稠度？在试验中对于标准稠度是如何规定的？

(4)试分析一下，哪些因素会影响标准稠度用水量的测定结果？

(5)为什么要测定标准稠度用水量或者说测定标准稠度用水量有何意义？

(6)为什么要求整个操作在搅拌后的 90 s 内完成？

(7)制作水泥胶砂试件时，对试模有何要求？为什么？

(8)胶砂强度检测试验时，胶砂试件的养护条件是什么？

(9)在测试水泥胶砂抗折强度前，对于试件有什么要求？

(10)在测试水泥胶砂抗压强度时，加载载荷如果速度偏快，对测定出来的数据有影响吗？有怎样的影响？

(11)简述胶砂成型的步骤。

(12)你认为在本次试验中自己学到了什么？有什么建议？

项目三

混凝土用细集料检测

任务一　砂子试验取样

一、取样批量

以同一产地、同一规格，每 400 m^3 或 600 t 为一批；不足 400 m^3 或 600 t 时，也按一批计。

二、取样方法

在料堆上取样时，取样部位应均匀分布。取样前先将取样部位表层铲除，然后由各部位抽取大致相等的砂 8 份(每份 5 kg 以上)，拌和均匀后缩分成一组试样。

三、取样数量

取样数量为 30 kg 以上。

四、样品标志

样品标志包括：施工单位、建设单位、工程名称、砂的品种、规格、产地、批量及要求检验的项目。

五、送样

用不易散失且可防污尘的袋子将试样包装好，并附上样品标志，填写好委托单，交给试验人员。

六、检测项目

每批验收的砂应进行颗粒级配、含泥量、泥块含量检验；对于海砂或氯离子污染的砂，还应进行氯离子含量检测；对于海砂，还应进行贝壳含量检测；对于人工砂或混合砂，还应进行石粉含量检测。长期处于潮湿环境的重要混凝土结构所用的砂应进行碱活性检验。对于重要工程或特殊工程，应根据工程需要增加检测项目。对其他指标合格性有怀疑的，应予复检。

任务二　检测任务的实施

一、砂的筛分试验

1. 试验目的

测定混凝土用砂的颗粒级配，计算细度模数，评定砂的粗细程度。

2. 试验仪器

标准筛：从上至下，孔径依次减小，如 9.50 mm、4.75 mm、2.36 mm、1.18 mm、0.60 mm、0.30 mm、0.15 mm，方孔筛带有筛底、盖各一个，摇筛机、天平(精确至 1 g)、搪瓷盘、毛刷、烘箱(能使温度控制在 105 ℃±5 ℃)等。

3. 试验步骤

试验前，称取试样约 1 200 g，放在烘箱中于 105 ℃±5 ℃下烘干至恒重，待冷却至室温，筛除大于 9.50 mm 的颗粒，大致分为均匀的 2 份。

(1)准确称量试样 500 g(精确至 1 g)，置于孔径按顺序排列好的套筛上的最上一层，将套筛装入摇筛机，固定好，摇筛 10 min，然后取下套筛，按筛孔大小顺序再逐个进行手筛，筛至每分钟通过量小于试样总量的 1%为止。通过的颗粒并入下一号筛，逐层过筛，至筛完为止。

(2)试样各号筛上的筛余量均不得超过按下式计算的结果：

$$G=\frac{A\sqrt{d}}{200}$$

式中　G——在一个筛上的筛余量(g)；

A——晒面面积(mm^2)；

d——筛孔尺寸(mm)。

若超过上述计算结果，应将该筛余试样分成两份，再次进行筛分，并以其两份筛余量之和作为该号筛的筛余量。

(3)分别称量各号筛的筛余试样(精确至 1 g)，然后将每一层的筛余量和底盘的质量相加，与试验前的总量相比，相差不得超过试样总量的 1%。

4. 试验结果计算

计算分计筛余、累计筛余百分率(精确至 0.1%)，见表 3-1。

表 3-1　分计筛余、累计筛余百分率计算公式

筛孔尺寸/mm	分计筛余/%	累计筛余/%
4.75	$a_1=m_1/m_{总}$	$A_1=a_1$
2.36	$a_2=m_2/m_{总}$	$A_2=a_1+a_2$
1.18	$a_3=m_3/m_{总}$	$A_3=a_1+a_2+a_3$
0.60	$a_4=m_4/m_{总}$	$A_4=a_1+a_2+a_3+a_4$
0.30	$a_5=m_5/m_{总}$	$A_5=a_1+a_2+a_3+a_4+a_5$
0.15	$a_6=m_6/m_{总}$	$A_6=a_1+a_2+a_3+a_4+a_5+a_6$

(1)根据各筛的累积筛余百分率，评定该试样的颗粒级配。

(2)计算细度模数。

$$M=\frac{A_2+A_3+A_4+A_5+A_6-5A_1}{100-A_1}$$

(3)筛分试验应筛分两次，取两次结果的算术平均值作为测定结果。两次所得的细度模数之差大于 0.2 时，应重新进行试验。

5. 注意事项

(1)试验前检查套筛的排放顺序，清除筛内杂物。

(2)称量试样与筛余量时一定要精确，误差应在容许的范围之内。

(3)数据记录准确、清楚、真实，两次分开记录。

二、砂的表观密度测定

1. 试验目的

测定砂的表观密度，即砂粒本身单位体积的质量，作为评定砂的质量和混凝土配合比设计的依据。

2. 试验仪器

托盘天平(精确至 1 g)、容量瓶(500 mL)、烘箱、漏斗、滴管、搪瓷盘等。

3. 试验步骤

(1)称取烘干试样 300 g(m_1)，精确至 1 g，通过漏斗，装入盛有半瓶冷开水的容量瓶中，塞紧瓶塞。

(2)静止 24 h 后，摇动容量瓶，排净水与试样中的气泡。然后用滴管加水至容量瓶的刻度线处，盖上瓶塞，用抹布擦干容量瓶外部的水分，称量其质量(m_2)(精确至 1 g)。

(3)将容量瓶中的试样和水倒出，内外洗净，然后加入与上项相同的水，至容量瓶刻度线处，盖上瓶塞，擦干瓶外水分，称其质量(m_3)，精确至 1 g。

(4)记录 $m_1=$______________，$m_2=$______________，$m_3=$______________。

4. 试验结果计算

计算砂样的表观密度 ρ_0：

$$\rho_0=\frac{m_1\rho_{H_2O}}{m_1+m_3-m_2}$$

式中 ρ_0——砂的表观密度(kg/m^3)；

ρ_{H_2O}——水的密度(kg/m^3)；

m_1——干砂的质量(kg)；

m_2——试样、水和容量瓶的质量(kg)；

m_3——水和容量瓶的质量(kg)。

三、砂的堆积密度测定

1. 试验目的

测定砂的松散堆积密度、紧密堆积密度和孔隙率，将其作为混凝土配合比设计的依据。

2. 试验仪器

天平(精确至1 g)、容量筒(1 mL)、漏斗、垫棒(直径为10 mm，长度为500 mm的圆钢)、直尺等。

3. 试验步骤

(1)松散的堆积密度。首先用天平称量容量筒的质量 m_1，将容量筒放在漏斗下面，然后将烘干的试样装入漏斗，将漏斗下面的活塞拔出，试样徐徐流入容量筒，当容量筒上部呈锥形且四周溢满时，停止加试样。用直尺从中间向两边试样刮平，称量容量筒和试样的总质量，记为 m_2。

记录 m_1=________________，m_2=________________。

(2)紧密堆积密度。首先用天平称量容量筒的质量 m_1'，将容量筒放在漏斗下面，将容量筒装满一半的试样，将垫棒垫入筒底，将筒按住左右各摇振25次，再装入另一半，垫棒在筒底水平方向转90°，用同样的方式摇振25次，将容量筒加满，用直尺从中间向两边将试样刮平，称量容量筒和试样的总质量，记为 m_2'。

记录 m_1'=________________，m_2'=________________。

4. 试验结果计算

(1)计算砂的松散(紧密)堆积密度 ρ'_0。即

$$\rho'_0=\frac{m_2-m_1}{V_0'}$$

式中 m_1——容量筒的质量(kg)；

m_2——容量筒和砂的总质量(kg)；

V_0'——容量筒的容积，1 L。

(2)计算砂松散(紧密)堆积密度 ρ'_0。即

$$\rho'_0=\frac{m_2-m_1}{V_0'}$$

(3)计算砂的空隙率。即

$$P'\left(1-\frac{\rho'_0}{\rho_0}\right)\times 100\%$$

ρ_0=________________；

ρ'_0=________________；

P'=________________。

5. 注意事项

(1)在通过漏斗向容量瓶中加入试样时，应缓慢加入以免堵塞。

(2)称量前一定要将容量瓶外部的水分擦干净。

(3)注意不要打破容量瓶。

(4)称量应精确。

任务三　试验报告及结果处理

一、砂试验报告及结果处理

砂试验报告及结果处理见表 3-2。

表 3-2　砂试验报告及结果处理

<table>
<tr><td colspan="3">生产单位</td><td colspan="3"></td><td colspan="3">代表数量/kg</td><td colspan="2"></td></tr>
<tr><td colspan="3">检验项目</td><td colspan="3">检验结果</td><td colspan="3">检验项目</td><td colspan="2">检验结果</td></tr>
<tr><td colspan="3">表观密度/(kg·m^{-3})</td><td colspan="3"></td><td colspan="3">有机物含量</td><td colspan="2"></td></tr>
<tr><td colspan="3">松散堆积密度/(kg·m^{-3})</td><td colspan="3"></td><td colspan="3">云母含量/%</td><td colspan="2"></td></tr>
<tr><td colspan="3">紧密堆积密度/(kg·m^{-3})</td><td colspan="3"></td><td colspan="3">轻物质含量/%</td><td colspan="2"></td></tr>
<tr><td colspan="3">含泥量/%</td><td colspan="3"></td><td colspan="3">泥块含量/%</td><td colspan="2"></td></tr>
<tr><td colspan="3">氯化物含量/%</td><td colspan="3"></td><td colspan="3">硫酸盐，硫化物含量/%</td><td colspan="2"></td></tr>
<tr><td colspan="3">空隙率/%</td><td colspan="3"></td><td colspan="3">碱活性/%</td><td colspan="2"></td></tr>
<tr><td colspan="3">含水率/%</td><td colspan="3"></td><td colspan="3">坚固性/%</td><td colspan="2"></td></tr>
<tr><td colspan="3">吸水率/%</td><td colspan="3"></td><td colspan="3"></td><td colspan="2"></td></tr>
<tr><td colspan="3">砂类别</td><td colspan="8"></td></tr>
<tr><td colspan="11">颗粒级配</td></tr>
<tr><td rowspan="4">标准要求</td><td colspan="2">筛孔尺寸/mm</td><td>10</td><td>5.0</td><td>2.5</td><td>1.25</td><td>0.63</td><td>0.315</td><td>0.16</td><td rowspan="4">底盘加 0.08</td></tr>
<tr><td rowspan="3">颗粒级配区</td><td>1 区</td><td>0</td><td>10～0</td><td>35～5</td><td>65～35</td><td>85～71</td><td>95～80</td><td>100～90</td></tr>
<tr><td>2 区</td><td>0</td><td>10～0</td><td>25～0</td><td>50～10</td><td>70～41</td><td>92～70</td><td>100～90</td></tr>
<tr><td>3 区</td><td>0</td><td>10～0</td><td>15～0</td><td>25～0</td><td>40～16</td><td>85～55</td><td>100～90</td></tr>
<tr><td rowspan="9">检验结果</td><td colspan="2">1 号筛余量/g</td><td></td><td></td><td></td><td></td><td></td><td></td><td></td><td></td></tr>
<tr><td colspan="2">2 号筛余量/g</td><td></td><td></td><td></td><td></td><td></td><td></td><td></td><td></td></tr>
<tr><td colspan="2">1 号分计筛余/%</td><td></td><td></td><td></td><td></td><td></td><td></td><td></td><td></td></tr>
<tr><td colspan="2">2 号分计筛余/%</td><td></td><td></td><td></td><td></td><td></td><td></td><td></td><td></td></tr>
<tr><td colspan="2">1 号累计筛余/%</td><td></td><td></td><td></td><td></td><td></td><td></td><td></td><td></td></tr>
<tr><td colspan="2">2 号累计筛余/%</td><td></td><td></td><td></td><td></td><td></td><td></td><td></td><td></td></tr>
<tr><td colspan="2">平均累计筛余/%</td><td></td><td></td><td></td><td></td><td></td><td></td><td></td><td></td></tr>
<tr><td colspan="2">1 号细度模数</td><td></td><td colspan="2" rowspan="2"></td><td rowspan="2">平均细度模数</td><td rowspan="2"></td><td rowspan="2">级配区</td><td colspan="2" rowspan="2"></td></tr>
<tr><td colspan="2">2 号细度模数</td><td></td></tr>
<tr><td colspan="3">检验依据</td><td colspan="8"></td></tr>
<tr><td colspan="3">备注</td><td colspan="8"></td></tr>
</table>

注：砂粒级配见表 3-3。

表 3-3　砂颗料级配

累计筛余/% 筛孔尺寸/mm	级配区		
	1	2	3
9.50	0	0	0
4.75	10～0	10～0	10～0
2.36	35～5	25～0	15～0
1.18	65～35	50～10	25～0
0.60	85～71	70～41	40～16
0.30	95～80	92～70	85～55
0.15	100～90	100～90	100～90

注：(1)砂的实际颗粒级配与表中所列数字相比，除 4.75 mm 和 0.60 mm 筛外，可以略有超出，但超出总量应小于 5%。
(2)1 区人工砂中 150 μm 筛孔的累计筛余可以放宽到 100%～85%，2 区人工砂中 0.15 mm 筛孔的累计筛余可以放宽到 100%～80%，3 区人工砂中 0.15 mm 筛孔的累计筛余可以放宽到 100%～75%。

三、思考题

(1)名词解释。

砂的表观密度：

砂的堆积密度：

(2)砂按细度模数可以分为几种，分别是哪几种？

(3)怎么样来划分砂的级配区？

(4)混凝土用砂为什么要评定颗粒级配和粗细程度?

(5)何为砂的细度模数?两种砂的细度模数相同,其级配是否相同?

项目四

混凝土用粗集料检测

任务一　石子的试验取样

一、取样批量

以同一产地、同一规格，每 400 m^3 或 600 t 为一批；不足 400 m^3 或 600 t 时，也按一批计。

二、取样方法

在料堆上取样时，取样部位应均匀分布。取样前先将取样部位表层铲除，然后在料堆的顶部、中部和底部各由均匀分布的 5 个不同部位抽取大致相等的石子 16 份，拌和均匀后缩分成一组试样。

三、取样数量

取样数量视最大粒径而定：

(1)最大粒径小于 31.5 mm 的，取 100 kg 以上。

(2)最大粒径大于或等于 31.5 mm 的，取 180 kg 以上。

四、样品标志

样品标志包括：施工单位、建设单位、工程名称、集料的品种、规格、产地、批量及要求检验的项目。

五、送样

试样用不易散失且可防污尘的袋子包装，填好委托单后交给试验人员。

六、检测项目

每批验收的石子应进行颗粒级配、含泥量、泥块含量检验。对于碎石或卵石，还应进行针片状颗粒含量检测。当混凝土强度等级大于或等于 C60 时，应进行压碎指标检验。长期处于潮湿环境的重要混凝土结构所用的石子应进行碱活性检验。

任务二　检测任务的实施

一、石子筛分析试验

1. 试验目的

测定碎石或卵石的颗粒级配和颗粒规格，将其作为混凝土配合比设计的依据。

2. 试验仪器

试验筛：孔径为 90.0 mm、75.0 mm、63.0 mm、53.0 mm、37.5 mm、31.5 mm、26.5 mm、19.0 mm、16 mm、9.5 mm、4.75 mm、2.36 mm 的方孔筛及筛底、筛盖各一个，烘箱、摇筛机、台秤等。

3. 试验步骤

(1)按表 4-1 规定的方法取烘干的试样。

表 4-1　取烘干试样

最大粒径/mm	9.5	16.0	19	26.5	31.5	37.5	63.0	75.0
最少试样质量/kg	1.9	3.2	3.8	5.0	6.3	7.5	12.6	16.0

(2)将试样倒入按顺序由上到下孔径由大到小的套筛最上面一层。

(3)将套筛装入摇筛机，固定好，摇筛 10 min，取下套筛，按孔径由大到小的顺序，逐个进行手筛，直至每分钟的筛出量不得超过试样总量的 0.1%为止。通过的颗粒并入下一号筛，直到筛完为止。

(4)称量每层筛的筛余量(精确至 1 g)。

4. 试验结果计算

(1)分计筛余百分率，各号筛上的筛余量除以试样总质量的百分率(精确至 0.1%)。

(2)计算累计筛余百分率，该号筛的分计筛余百分率与大于该号筛的各筛分计筛余百分率之和(精确至 0.1%)。

二、石子的表观密度检测

1. 试验目的

测定石子单位体积所具有的质量，将其作为评定石子的质量和混凝土配合比设计的依据。本方法不宜用于测定最大粒径大于 37.5 mm 的碎石或卵石的表观密度。

2. 试验仪器

托盘天平(精确至 1 g)、广口瓶、玻璃板、烘箱、搪瓷盘等。

3. 试验步骤

(1)按表 4-2 规定的方法取烘干的试样 m_1。

表 4-2　取烘干试样 m_1

最大粒径/mm	26.5	31.5	37.5	63.0	75.0
最少试样质量/kg	2.0	3.0	4.0	6.0	6.0

(2)将上项所取试样浸水饱和，将广口瓶倾斜，其试样装入广口瓶中，将广口瓶加满水，用玻璃片沿瓶口滑行，使其紧贴瓶口水面，玻璃片盖住瓶口时，瓶内不得带有气泡，擦干瓶外水分，称量其质量 m_2。

(3)小心将瓶内的水和试样倒出，内外洗净，重新注入同样的水，将瓶内气泡排净，盖上玻璃片，擦干瓶外水份，称量其质量 m_3。

(4)记录 m_1=______________，m_2=______________，m_3=______________。

4. 试验结果计算

计算试样的表观密度 ρ_0。即

$$\rho_0=\frac{m_1\rho_{H_2O}}{m_1+m_3-m_2}$$

式中 ρ_0——石子的表观密度(kg/m³)；

m_1——干石子的质量(kg)；

m_2——试样、水、广口瓶和玻璃板的质量(kg)；

m_3——水、广口瓶和玻璃板的质量(kg)。

三、石子的堆积密度检测

1. 试验目的

测定石子的松散(紧密)堆积密度和孔隙率，将其作为混凝土配合比设计的依据。

2. 试验仪器

磅秤(称重 50 kg 或 100 kg，感量 50 g)、垫棒(直径为 16 mm，长度为 600 mm 的圆钢)、漏斗、容量筒。容量筒规格见表 4-3(本试验所采用的为 10 L)。

表 4-3 容量筒规格

最大粒径/mm	容量筒容积/L	容量筒规格		
		内径/mm	净高/mm	壁厚/mm
9.5、16.0、19.0、26.5	10	208	294	2
31.5、37.5	20	294	294	3
53.0、63.0、75.0	30	360	294	4

3. 试验步骤

(1)松散堆积密度。将容量筒放置在漏斗下面，关闭漏斗活塞，用铲子将漏斗装满，将活塞打开，使石子自由下落，当容量筒上面呈锥形，且四周溢面时，停止下落。除去突出筒口表面的颗粒，并以合适颗粒填入凹陷孔隙，使表面平整，称其质量 m_2。将试样倒出称量容量筒的质量 m_1。

记录 m_1=______________，m_2=______________。

(2)紧密堆积密度。首先称量容量筒的质量 m'_1，试样分 3 层装入容量筒，放入第 1 层后，将垫棒放入筒底，用手按住把手，左右交替摇振 25 次，再装入第 2 层，第 2 层装满后用同样的方法振实。再装入第 3 层，用同样的方法振实。第 3 次振实后，加料至满出筒口，用垫棒沿筒口边缘滚动，刮下高出筒口的颗粒，再用合适的颗粒填平，称取其质量 m'_2。

记录 m'_1=______________，m'_2=______________。

4. 试验计算

(1)计算石子松散(紧密)堆积密度ρ'_0。即

$$\rho'_0=\frac{m_2-m_1}{V'_0}$$

式中 m_1——容量筒的质量(kg);

m_2——容量筒和砂的总质量(kg);

V'_0——容量筒的容积，10 L。

(2)计算石子的空隙率。即

$$P'=\left(1-\frac{\rho'_0}{\rho_0}\right)\times100\%$$

$\rho_0=$______________;

$\rho'_0=$______________;

$P'=$______________。

5. 注意事项

(1)称量应仔细，记录应准确。

(2)在向广口瓶放入石子和将试样倒出时，要注意不要打破广口瓶。

(3)玻璃板沿广口瓶一侧向另一侧滑动，在盖上广口瓶之前，一定要将瓶内气泡排净。

(4)称量前，要擦净广口瓶外的水分。

任务三 试验报告及结果处理

一、碎石性能检测报告

碎石性能检测报告见表4 4。

表 4-4 碎石性能检测报告

生产单位		代表数量/kg	
规格型号		使用部位	
检验项目	检验结果	检验项目	检验结果
表观密度/(kg·m^{-3})		有机物含量/%	
散堆积密度/(kg·m^{-3})		吸水率/%	
密堆积密度/(kg·m^{-3})		含水率/%	
含泥量/%		坚固性(质量损失,%)	
泥块含量/%		岩石强度/MPa	
空隙率/%		SO_3 含量/%	
针片状颗粒含量/%		碱活性/%	
压碎指标/%			
石类别			

续表

颗粒级配										
	级配情况	公称尺寸/mm	累计筛余(按质量计,%) 筛孔尺寸/mm							
			2.36	4.75	9.50	16.0	19.0	26.5	31.5	37.5
标准要求	连续粒级	5～10	95～100	80～100	0～15	0	—	—	—	—
		5～16	95～100	85～100	30～60	0～10	0	—	—	—
		5～20	95～100	90～100	40～80	—	0～10	0	—	—
		5～25	95～100	90～100	—	30～70	—	0～5	0	—
		5～31.5	95～100	90～100	70～90	—	15～45	—	0～5	0
		5～40	—	95～100	70～90	—	30～60	—	—	0～5
	单粒级	10～20	—	95～100	85～100	—	0～15	0	—	—
		16～31.5	—	95～100	—	85～100	—	—	0～10	0
		20～40	—	—	95～100	—	80～100	—	—	0～10
		31.5～63	—	—	—	95～100	—	—	75～100	45～75
		40～80	—	—	—	—	95～100	—	—	70～100
检验结果		筛余量/g								
		分计筛余/%								
		累计筛余/%								
颗粒级配评定										
检验依据										
备注										

二、思考题

(1)石子的颗粒级配包括____________和____________。

(2)目前配制混凝土应用较为广泛的是哪种颗粒级配？为什么？

(3)何为碎石(卵石)的最大粒径？

(4)为什么说($m_1+m_3-m_2$)在数值上就等于石子试样的表观体积？试推导该结论。

(5)石子的大小对于水泥的用量有何影响？

(6)你认为在本次试验中自己新学到了什么？有什么建议？

项目五

普通混凝土性能检测

任务一　混凝土试验取样

一、普通混凝土试块取样规则

1 取样批量

(1)每拌制 100 盘且不超过 100 m^3 的同配合比的混凝土，取样不得少于一次。

(2)每工作班拌制的同一配合比的混凝土不足 100 盘时，取样不得少于一次。

(3)当一次连续浇筑超过 1 000 m^3 时，同一配合比的混凝土每 200 m^3 取样不得少于一次。

(4)每一楼层、同一配合比的混凝土，取样不得少于一次。

(5)基坑工程的地下连续墙，每 50 m^3 应取样一次，每幅槽段不得少于一次。

(6)灌注桩每浇筑 50 m^3 混凝土应取样一次；单桩单柱时，每根桩必须取样一次。

(7)喷射混凝土每喷射 50～100 m^3 混合料或混合料小于 50 m^3 的独立工程，不得少于一组。

2. 取样方法

在混凝土浇筑地点，从同一盘或同一车中随机一次性抽取。

3. 取样留置组数

每次取样应至少留置一组标准养护试件(试块，下同)，同条件养护试件的留置组数应根据实际需要确定。

4. 留置方式和取样数量

结构实体检验用同条件养护试件的留置方式和取样数量，应符合下列要求：

(1)同条件养护试件所对应的结构构件或结构部位，应由监理(建设)、施工等各方共同选定。

(2)对混凝土结构工程中的各混凝土强度等级，均应留置同条件养护试件。

(3)同一强度等级的同条件养护试件，其留置的数量应根据混凝土工程量和重要性确定，不宜少于 10 组，且不应少于 3 组。

5. 等效养护龄期

(1)结构实体检验用同条件养护试件应在达到等效养护龄期时进行强度试验。等效养护龄期应根据同条件养护试件强度与在标准养护条件下 28 d 龄期试件强度相等的原则确定。

(2)同条件自然养护试件的等效养护龄期，宜根据当地的气温和养护条件，按下列规定确定：

1)等效养护龄期可取按日平均温度逐日累计达到 600 ℃·d时所对应的龄期，0 ℃及以下的龄期不计入；等效养护龄期不应小于 14 d，也不宜大于 60 d；

2)冬期施工、人工加热养护的结构构件，其同条件养护试件的等效龄期可按结构构件的实际养护条件，由监理(建设)、施工等各方根据有关规定共同确定。

6. 试块的制作与养护

试件的尺寸应根据粗集料的最大粒径(D_{max})选择：

(1)当 D_{max}≤31.5 mm 时，选用棱长为 100 mm 的立方体试件。

(2)当 31.5 mm<D_{max}≤40 mm 时，选用棱长为 150 mm 的立方体试件。

(3)当 40 mm<D_{max}≤63 mm 时，选用棱长为 200 mm 的立方体试件。

试件制作前，应检查试模，拧紧螺栓并清刷干净，在其内壁涂刷薄层矿物油脂。

采用振动台振实制作试件时，混凝土拌合物应一次装入试模，装料时应用抹刀沿各试模内壁插捣并使混凝土拌合物高出试模上口，振动时试模不得有任何跳动，振动应持续到表面出浆为止且不得过振。

采用插入式振捣棒振实制作试件时，混凝土拌合物应一次装入试模，装料时应用抹刀沿各试模内壁插捣并使混凝土拌合物高出试模上口，宜用 ϕ25 的插入式振捣棒，插入试模振捣时，振捣棒距试模底板 10～20 mm 且不得触及试模底板，振动应持续到表面出浆为止，且应避免过振，以防混凝土离析；一般振捣时间为 20 s。振捣棒拔出时要缓慢，拔出后不得留有孔洞。

采用人工插捣制作试件时，混凝土拌合物应分两层装入试模，每层的装料厚度大致相等。用捣棒(注：插捣须用钢制捣棒，长度为600 mm，直径为16 mm，端部应磨圆)按螺旋方向从边缘向中心均匀进行插捣(插捣底层混凝土时，捣棒应达到试模底部；插捣上层混凝土时，捣棒应贯穿上层后插入下层 20～30 mm)，插捣时捣棒应保持垂直，不得倾斜，然后应用抹刀沿试模内壁插拔数次，以防产生麻面；每层插捣次数按在 10 000 mm^2 截面面积内不得少于 12 次；插捣后应用橡皮锤轻轻敲击试模四周，直至插捣棒留下的孔洞消失为止。

刮除试模上口多余的混凝土，待混凝土临近初凝时，用抹刀抹平。

试件成型后，应立即用不透水薄膜覆盖表面，采用标准养护的试件，应在 20 ℃±5 ℃的室内静置 1～2 昼夜，然后标识、拆模。拆模后的试件应立即放入温度为 20 ℃±2 ℃、相对湿度为 95%以上的标准养护室中养护，或在温度为 20 ℃±2 ℃的，不流动的 $Ca(OH)_2$ 饱和溶液中养护。

同条件养护试件的成型方法同上，试件拆模时间可与实际构件的拆模时间相同，拆模后，试件应放置在靠近相应结构构件或结构部位的适当位置，并保持同条件养护。

7. 喷射混凝土抗压强度标准试块的制作与试验(参照标准 GB 50086—2015)

喷射混凝土抗压强度标准试块应采用从现场施工的喷射混凝土板件上切割成要求尺寸的方法制作。模具尺寸为 450 mm×350 mm×120 mm，其尺寸较小的一个边为敞开状。

(1)在喷射作业面附近，将模具敞开一侧朝下，以 80°(与水平面的夹角)左右置于墙脚。

(2)先在模具外的边墙上喷射，待操作正常后，将喷头移至模具位置，由下而上，逐层向模具内喷满混凝土。

(3)将喷满混凝土的模具移至安全地方，用三角抹刀刮平混凝土表面。

(4)在隧洞内潮湿环境中养护 1 d 后脱模。将混凝土大板移至试验室，在标准养护条件下养护 7 d，用切割机去掉周边和上表面(底面可不切割)后，加工成棱长为 100 mm 的立方体试块，或钻芯成高为 100 mm、直径为 100 mm 的圆柱状试件，立方体试块的边长允许偏差应为±10 mm，直角允许偏差就为±2°。喷射混凝土板件周边 120 mm 范围内的混凝土不得用作试件。

(5)加工后的试块继续在标准条件下养护至 28 d 龄期，进行抗压强度试验。用标准方法进行试验，加载方向必须与试块喷射成型方向垂直，测得的极限抗压强度值应乘以系数 0.95。

注：当不具备制作抗压强度标准试块条件时，也可采用下列方法进行制作试块，检查强度。

(1)在现场喷制混凝土大板，在标准养护条件下养护 7 d 后，用钻芯机在大板上钻取芯样的方法制作试块。芯样边缘至大板周边的最小距离不应小于 50 mm。

(2)边可直接向棱长为 150 mm 的无底标准试模内喷射混凝土制作试块，其抗压强度换算系数应通过试验确定。

8. 样品标志

样品标志包括：施工单位、工程名称、结构部位、混凝土品种及强度等级、编号、制作日期、坍落度实测值、使用的配合比。

9. 检测项目

主要对混凝土样品进行现场坍落度检测和试块抗压试验检测(对于不合格结构部位的处理：应对相应的结构部位进行现场破损或者非破损检测)。

二、预拌混凝土试块取样规则

(1)预拌混凝土质量检验的内容有：混凝土强度、坍落度、含气量、氯化物总量等，其中氯化物总量可以出厂检验为依据，而强度和坍落度必须以交货检验的结果为依据。

(2)取样频率：取样的批量同普通混凝土，当一个分项(分部)工程中连续供应同配合比混凝土大于 1 000 m^3 时，其交货检验的试样，每 200 m^3 混凝土取样不得少于一次。

(3)交货检验的混凝土试样应在交货地点采取，坍落度检测应在混凝土到达交货地点后 20 min 内完成，强度试件的制作应在 40 min 内完成。

(4)每个试样应随机地从一盘或一运输车中抽取；混凝土试样应在卸料过程中料量的 1/4～3/4 采取。

(5)每个试样量应满足混凝土质量检验项目所需用量的 1.5 倍，且不宜少于 0.02 m^3。

(6)对于预拌混凝土拌合物的质量，每车应目测检查；混凝土坍落度检验的试样，每 100 m^3 相同配合比的混凝土取样检验不得少于一次，当一个工作班相同配合比的混凝土不足 100 m^3 时，也不得少于一次。

(7)其他：(同普通混凝土)。

(8)检测项目：主要对混凝土样品进行现场坍落度检测和试块抗压试验检测(对于不合格结构部位处理：应对相应的结构部位进行现场破损或者非破损检测)。

三、抗渗混凝土试块取样规则

1. 取样批量

同一工程、同一配合比的混凝土，取样不应少于一次，留置组数可根据实际需要确定。

连续浇筑混凝土量 500 m^3 应留置一组(6 块)混凝土抗渗试块。每项工程不得少于 2 组。采用预拌混凝土的抗渗试件，留置组数应视结构的规模和要求而定。

预拌混凝土当连续浇筑每 500 m^3 应留置 2 组(12 块)抗渗试件，且每部位(底板、侧墙)的试件不少于 2 组，当每增加 250～500 m^3 混凝土时，应增加 2 组试件(12 块)。当混凝土增加量在 250 m^3 以内时不再增加试件组数。

如使用材料、配合比或施工方法有变化时，均应另行仍按上述规定留置。

2. 取样方法

试样应在浇筑地点随机一次性取样，一般应在每盘搅拌结束前 30 min 内取样。

3. 取样数量

每一验收批留置的抗渗试件每组 6 块，试件为顶面直径 175 mm、底面直径 185 mm、高 150 mm 的圆台体。

4. 成型与养护

成型方法与普通混凝土相同，但试件成型 24 h 拆模后，要用钢丝刷刷去两端面的水泥浆膜，然后进行标准养护，养护期不少于 28 d，且不超过 90 d。

5. 样品标志

样品标志包括施工单位、建设单位、工程名称、结构部位、混凝土强度等级、抗渗等级、施工日期、所用的配合比和混凝土工程量。

6. 检测项目

对抗渗混凝土进行现场坍落度检测、试块抗压抗渗试验检测(对于试验不合格的结构部位应进行现场检测)。

四、砂浆、混凝土配合比试配的原材料取样规则

1. 一般要求

(1)进行配合比试配时应采用工程中实际使用的原材料。根据本单位常用的材料，可设计出常用的混凝土配合比备用；在使用过程中，应根据原材料情况及混凝土质量检验的结果予以调整。但遇下列情况之一时，应重新进行配合比设计：

1)对混凝土性能指标有特殊要求时；

2)水泥、外加剂或矿物掺和料品种、质量有显著变化时；

3)该配合比的混凝土生产间断半年以上时。

(2)每次试配时，应按规定将所使用的各种原材料送试验室。

2. 取样数量

原材料由施工单位现场取样送试验室。其数量详见表 5-1。

表 5-1　原材料取样数量

项目 \ 数量 \ 材料	水泥 /kg	砂 /kg	石子 /kg	外加剂 /kg	掺合料 /kg
砌筑砂浆	20～50	20～30	—	—	20～30
混凝土	50～60	50～60	150～180	1.0～1.2	20～35
抗渗混凝土	50～100	80～130	200～300	2.0～4.0	25～50

3. 样品标志

样品标志包括：施工单位、建设单位、工程名称、结构部位、材料的品种、规格等。

4. 送样

尽量在砂浆、混凝土施工的前一周送达试验室，并填写好委托单(说明原材料情况、砂浆或混凝土的品种、设计等级、稠度或坍落度要求、结构部位及施工日期等)，交给试验人员。

任务二　检测任务的实施

一、普通混凝土拌合物的和易性测定

1. 试验目的

本试验方法适用于坍落度值不小于 10 mm，集料最大粒径不大于 40 mm 的混凝土拌合物。测定时需拌制拌合物约为 15 L。

2. 试验仪器

标准坍落度筒：如图 5-1 所示，为金属制截头圆锥形，上、下截面必须平行锥体轴心垂直，筒外两侧对称焊有把手 2 只，近下端两侧对称焊有踏板 2 只，圆锥筒表面必须十分光滑，圆锥筒尺寸为：

底部内径　200 mm±2 mm

顶部内径　100 mm±2 mm

高度　　　300 mm±2 mm

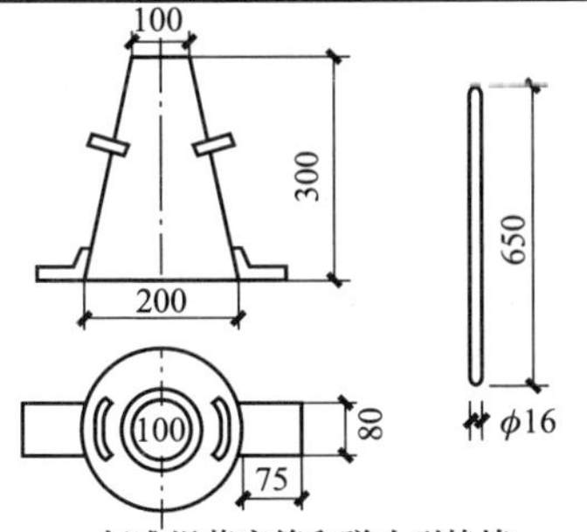

标准坍落度筒和弹头型捣棒

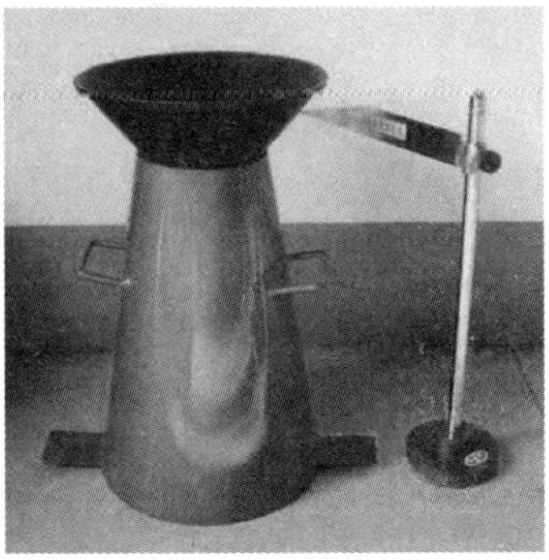

图 5-1　标准坍落度筒

弹头形捣棒(直径为 16 mm、长度为 600 mm 的钢棒，端部为弹头形)、小铁铲、直尺、装料漏斗、钢尺、取样小铲、磅秤等。

3. 试验步骤

(1)按比例配出 15 L 拌和材料(如水泥：3.0 kg；砂：4.2 kg；石子：7.7 kg；水：1.5 kg。)将它们倒在拌板上并用铁锹拌匀，再将中间扒一凹洼，边加水边进行拌和，直至拌和均匀。

(2)用湿布将拌板及坍落度筒内外擦净、润滑，并将筒顶部加上漏斗，放在拌板上。用双脚踩紧踏板，使其位置固定。

(3)用小铲将拌好的拌合物分三层均匀地装入筒内，每层装入高度在插捣后大致为筒高的 1/3。顶层装料时，应使拌合物高出筒顶。插捣过程中，如试样沉落到低于筒口，则应随时添加，以便自始至终保持高于筒顶。每装一层分别用捣棒插捣 25 次，插捣应在全部面积上进行，沿螺旋线由边缘渐向中心。在筒边插捣时，捣棒应稍有倾斜，然后垂直插捣中心部分。每层插捣时应捣至下层表面为止。

(4)插捣完毕后卸下漏斗，将多余的拌合物用镘刀刮去，使之与筒顶面齐平，筒周围拌板上的杂物必须刮净、清除。

(5)将坍落度筒小心平稳地垂直向上提起，不得歪斜，提离过程在 5～10 s 内完成，将筒放在拌合物试体一旁，量出坍落后拌合物试体最高点与筒的高度差(以 mm 为单位，读数精确至 5 mm)，即为该拌合物的坍落度。从开始装料到提起坍落度筒的整个过程在 150 s 内完成。

(6)当坍落度筒提离后，如试件发生崩坍或一边剪坏现象，则应重新取样进行试验。如第二次仍然出现这种现象，则表示该拌合物和易性不好，应予记录备案。

(7)测定坍落度后，观察拌合物的下述性质，并记录。

1)黏聚性：用捣棒在已坍落的拌合物锥体侧面轻轻敲打，如果锥体逐步下沉，表示黏聚性良好；如果突然倒塌，部分崩裂或石子离析，则为黏聚性不好的表现。

2)保水性：当提起坍落度筒后如有较多的稀浆从底部析出，锥体部分的拌合物也因失浆而集料外露，则表明保水性不好。如无这种现象，则表明保水性良好。

二、普通混凝土抗压强度测定

1. 试验目的

测定混凝土立方体抗压强度，作为评定混凝土质量的主要依据。

2. 试验仪器

(1)压力试验机：其精度不低于±2%，其量程应能使试件在预期破坏荷载值不小于全量程的 20%，也不大于全量程的 80%。试验机应按计量仪表使用规定进行定期检查。

(2)振动台：振动频率为 50 Hz±3 Hz，空载振幅约为 0.5 mm。

(3)试模：由铸铁或钢制成，应具有足够的刚度并拆装方便。试模内表面应保证足够的平滑度，或经机械加工，其不平度应不超过 0.05%，组装后的相邻的不垂直度应不超过±0.05%。

(4)捣棒。

(5)金属直尺。

(6)小铁铲。

3. 试验步骤

(1)试件的成型。

1)混凝土抗压强度试验一般以 3 个试件为 1 组。每 1 组试件用的拌合物应从同一盘或同一车运送的混凝土中取出，或在试验室用机械或人工单独拌制。可以检验现浇混凝土工程或预制构件质量的分组及取样原则；应按现行《混凝土结构工程施工质量验收规范》(GB 50204)及其他有关标准的规定执行。

2)制作前，应将试模清理干净，并在试模内壁和底板涂一层矿物油脂。

3)振动台振实成型：将拌合物一次装入试模，并稍有富余，然后将试模放在振动台上，开动振动台，振动到拌合物表面呈现水泥浆为止，记录振动时间。振动结束后，用镘刀沿试模边缘将多余的拌合物刮去，并将表面抹平。

(2)试件养护。试件成型后应覆盖，以防止水分蒸发，并在室温为 25 ℃±5 ℃条件下至少静止 1 d(但不超过 2 d)，然后编号拆模。拆模后的试件应立即放在温度为 25 ℃±3 ℃、相对湿度为 90%以上的标准养护室中养护。

(3)抗压试验步骤。

1)试件从养护地点取出后应及时进行试验，以免试件内部的温度、湿度发生显著变化。

2)试件在受压前应清理干净，测量尺寸，并检查其外观，试件尺寸测量精确至 1 mm，并计算试件的承压面积(A)。试件不得有明显缺损，其承压面的不平度要求不超过 0.05%，承压面与相邻面的不垂直偏差不超过±1°。

3)把试件安放在试验机下的压板中心，试件的承压面与成型时的顶面垂直。开动试验机，当上压板与试件接触时，调整球座，使接触均匀。

4)在加压时，应持续而均匀地加载。加载速度为：混凝土强度等级小于 C30 时，取 0.3～0.5 MPa/s；当大于或等于 C30 时，取 0.5～0.8 MPa/s。当试件接近破坏而开始迅速变形时，应停止调整试验机油门，直至试件破坏，然后记录破坏荷载(P)。

4. 试验结果计算

(1)计算混凝土立方体抗压强度(精确至 0.1 MPa)：

$$f_c=\frac{P}{A}$$

式中 f_c——混凝土立方体试件抗压强度(MPa)；

P——破坏荷载(N)；

A——试件承压面积(mm^2)。

f_c=________________。

(2)以 3 个试件算术平均值作为该组试件的抗压强度值。在 3 个试件中的最大值或最小值中，如果 1 个与中间值的差异超过中间值的 15%，则把最大值及最小值一并舍去，取中间值作为该组试件的抗压强度值。如果最大值、最小值与中间值的差均超过中间值的 15%，则该组试件的试验结果无效。

(3)取 150 mm×150 mm×150 mm 为标准试件尺寸，采用其他尺寸时所测得的抗压强度值均乘以换算系数。

5. 注意事项

(1)混凝土各组成材料应符合技术要求。

(2)在采用人工拌制混凝土时，注意各组成材料的拌和顺序，拌和应均匀。

(3)在做立方体试件时，试模安装牢固，注意振捣密实。

(4)在做立方体抗压强度试验时，注意加载速度应符合要求。

三、回弹法检测混凝土强度

1. 试验目的

混凝土的强度可依据《回弹法检测混凝土抗压强度技术规程》(JGJ/T 23—2011)规定，用回弹仪测定，采用附有拉簧和一定尺寸的金属弹击杆的中型回弹仪，以一定的能量弹击混凝土表面，以弹击后回弹的距离值表示被测混凝土表面的硬度。根据混凝土表面硬度与强度的关系，估算混凝土的抗压强度。

2. 试验仪器

(1)回弹仪：中型回弹仪，主要由弹击系统、示值系统和仪壳部件等组成。

(2)钢砧(洛氏硬度 HRC 为 60±2)。

3. 试验步骤

(1)回弹仪率定：将回弹仪垂直向下在钢砧上弹击，取 3 次的稳定回弹值进行平均，弹击杆应分 4 次旋转，每次旋转约为 90°，弹击杆每旋转一次的率定值应符合相关标准的要求。否则不能使用。

(2)混凝土构件测区与测面的布置：每构件至少应选取 10 个测区，相邻两测区间距不超过 2 m，测区应均匀分布，并且具有代表性(测区宜选择测面为好)。每个测区宜有两个相对的测面，每个测面约为 20 cm×20 cm。

(3)检测面的处理：测面应平整光滑，必要时可用砂轮作表面加工，测面应自然干燥。每个测面上布置 8 个测点，若一个测区只有一个测面，应选 16 个测点，测点应均匀分布。

(4)回弹值测定：将回弹仪垂直对准混凝土表面并轻压回弹仪，使弹击杆伸出，在挂钩挂上冲锤；将回弹仪弹杆垂直对准测点，缓慢均匀地施压，待冲锤脱钩冲击回弹杆后，冲锤即带动指针向后移动直至达到一定位置时，即读出回弹值。

3. 试验结果处理

(1)回弹值计算：从测区的 16 个回弹值中分别剔除 3 个最大值和 3 个最小值，取其余 3 个回弹值的算术平均值，计算至 0.1 N，作为该测区水平方向测试的混凝土平均回弹值(N)。

(2)回弹值测试角度及浇筑面修正：若为非水平方向和浇筑面或底面时，按有关规定先进行角度修正，然后再进行浇筑修正。

(3)混凝土表面碳化后其硬度会提高，测出的回弹值将随之增大，故当碳化深度大于或等于 0.5 mm 时，其回弹值应按有关规定进行修正。

(4)根据室内试验建立的强度(f_{cu})与回弹值(N)关系曲线，查得构件测区混凝土的强度值。

(5)计算混凝土构件强度平均值(精确至 0.1 MPa)和强度标准差(精确至 0.01 MPa)，最后计算出混凝土构件强度推定值(精确至 0.1 MPa)。

4. 混凝土强度的计算

(1)结构或构件的测区混凝土强度平均值可根据各测区的混凝土强度换算值计算。当测区数为 10 个及以上时，应计算强度平均值与标准差。混凝土强度的推定值为平均强度减去 1.645 倍的标准差。

(2)当该结构或构件测区数少于 10 个时，混凝土强度的推定值为构件中最小的测区混凝土强度换算值。

部分混凝土强度换算值见表 5-2。

表 5-2　混凝土强度换算值表(部分)

平均回弹值 R_{c1}	测区混凝土强度换算值 $f^{c}_{cu,i}$/MPa												
	平均碳化尝试值 d_n/mm												
	0	0.5	1.0	1.5	2.0	2.5	3.0	3.5	4.0	4.5	5.0	5.5	≥6.0
24.2	15.1	14.8	14.3	13.9	13.3	12.8	12.4	11.9	11.6	11.2	10.9	10.6	10.3
24.4	15.4	15.1	14.6	14.2	13.6	13.1	12.6	12.2	11.9	11.4	11.1	10.8	10.4
24.6	15.6	15.3	14.8	14.4	13.7	13.3	12.8	12.3	12.0	11.5	11.2	10.9	10.6
24.8	15.9	15.6	15.1	14.6	14.0	13.5	13.0	12.6	12.2	11.8	11.4	11.1	10.7
25.0	16.2	15.9	15.4	14.9	14.3	13.8	13.3	12.8	12.5	12.0	11.7	11.3	10.9
25.2	16.4	16.1	15.6	15.1	14.4	13.9	13.4	13.0	12.6	12.1	11.8	11.5	11.0
25.4	16.7	16.4	15.9	15.4	14.7	14.2	13.7	13.2	12.9	12.4	12.0	11.7	11.2
25.6	16.9	16.6	16.1	15.7	14.9	14.4	13.9	13.4	13.0	12.5	12.2	11.8	11.3
25.8	17.2	16.9	16.3	15.8	15.1	14.6	14.1	13.6	13.2	12.7	12.4	12.0	11.5
26.0	17.5	17.2	16.6	16.1	15.4	14.9	14.4	13.8	13.5	13.0	12.6	12.2	11.6
26.2	17.8	17.4	16.9	16.4	15.7	15.1	14.6	14.0	13.7	13.2	12.8	12.4	11.8
26.4	18.0	17.6	17.1	16.6	15.8	15.3	14.8	14.2	13.9	13.3	13.0	12.6	12.0
26.6	18.3	17.9	17.4	16.8	16.1	15.6	15.0	14.4	14.1	13.5	13.2	12.8	12.1
26.8	18.6	18.2	17.7	17.1	16.4	15.8	15.3	14.6	14.3	13.8	13.4	12.9	12.3
27.0	18.9	18.5	18.0	17.4	16.6	16.1	15.5	14.8	14.6	14.0	13.6	13.1	12.4
27.2	19.1	18.7	18.1	17.6	16.8	16.2	15.7	15.0	14.7	14.1	13.8	13.3	12.6
27.4	19.4	19.0	18.4	17.8	17.0	16.4	15.9	15.2	14.9	14.3	14.0	13.4	12.7
27.6	19.7	19.3	18.7	18.0	17.2	16.6	16.1	15.4	15.1	14.5	14.1	13.6	12.9
27.8	20.0	19.6	19.0	18.2	17.4	16.8	16.3	15.6	15.3	14.7	14.2	13.7	13.0
28.0	20.3	19.7	19.2	18.4	17.6	17.0	16.5	15.8	15.4	14.8	14.4	13.9	13.2
28.2	20.6	20.0	19.5	18.6	17.8	17.2	16.7	16.0	15.6	15.0	14.6	14.0	13.3
28.4	20.9	20.3	19.7	18.8	18.0	17.4	16.9	16.2	15.8	15.2	14.8	14.2	13.5
28.6	21.2	20.6	20.0	19.1	18.2	17.6	17.1	16.4	16.0	15.4	15.0	14.3	13.6
28.8	21.5	20.9	20.2	19.4	18.5	17.8	17.3	16.6	16.2	15.6	15.2	14.5	13.8
29.0	21.8	21.1	20.5	19.6	18.7	18.1	17.5	16.8	16.4	15.8	15.4	14.6	13.9

四、配合比设计工程实例

根据建材课程所讲的配合比的方法、原理和计算步骤，根据砂、石试验所测定的砂、石的表观密度、堆积密度、石子空隙率及下面给出的有关条件设计每 m^3 混凝土的配合比。然后计算出 10 L 或者 15 L 混凝土拌合物所需的各材料用量。经试配调整后提出配合比通知单。

【题目 5-1】 某钢筋混凝土梁，设计混凝土强度等级为 C30，施工坍落度要求为 50～70 mm，粗集料最大粒径要求为 40 mm，该单位无历史统计资料。

【题目 5-2】 某预应力钢筋混凝土梁，设计混凝土强度等级为 C40，施工坍落度要求为 70～90 mm，粗集料最大粒径要求为 30 mm，该单位无历史统计资料。

【题目 5-3】 某混凝土基础，设计混凝土强度等级为 C20，施工坍落度要求为 10～30 mm，粗集料最大粒径要求为 40 mm，该单位无历史统计资料。

【题目 5-4】 某钢筋混凝土灌注桩，设计混凝土强度等级为 C25，施工坍落度要求为 160～180 mm，粗集料最大粒径要求为 30 mm，该单位无历史统计资料。

【题目 5-5】 某钢筋混凝土灌注桩，设计混凝土强度等级为 C25，施工坍落度要求为 100～120 mm，粗集料最大粒径要求为 30 mm，该单位无历史统计资料。

【题目 5-6】 某钢筋混凝土灌注桩，设计混凝土强度等级为 C35，施工坍落度要求为 150～190 mm，粗集料最大粒径要求为 30 mm，该单位无历史统计资料。

课后作业要求：

(1)每试验组分 6 个小组，每组选择 1 个题目。

(2)根据选择的题目，确定试验方案和试验安排。

(3)测定基础数据。

(4)计算初步配合比。

(5)试拌调整确定基准配合比。

(6)制作试件，标准养护，在规定龄期进行抗压强度试验，确定试验室配合比。

(7)认真填写试验报告。

任务三　试验报告及结果处理

一、试拌材料用量及表观密度和易性测定

试拌材料用量及表观密度和易性测定见表 5-3。

表 5-3　试拌材料用量及表观密度和易性测定试验报告

项　目			水泥	水	砂	石	坍落度/mm			黏聚性	保水性
设计用量	每 m³ 用量/kg						1	2	平均值		
设计用量	______L 试拌材料用量/kg										
增加用量	第一次	%									
增加用量	第一次	kg									
增加用量	第二次	%									
增加用量	第二次	kg									
增加用量	增加总体积/L										
基准配合比	试拌用量/kg						砂率/%	计算表观密度/(kg·m⁻³)			
基准配合比	每 m³ 用量/kg							实测表观密度/(kg·m⁻³)			
基准配合比	配合比		1					1	2	平均值	
试验室配合比	每 m³ 用量/kg										
试验室配合比	配合比		1					校正系数 K			
备　注											

二、混凝土立方体抗压强度测试

混凝土立方体抗压强度测试见表 5-4。

混凝土配合比为水泥∶水∶砂子∶石子=____________。

表 5-4　混凝土立方体抗压强度测试报告

编号	试件尺寸/mm		受压面积 A/mm^2	破坏荷载 P/N	抗压强度 f/MPa		换算成 150 mm 立方体强度/MPa	换算成 28 d 龄期强度/MPa
	长度 a	宽度 b			测定值	平均值		
1								
2								
3								

结果评定：

根据国家标准，该混凝土强度等级为____________________。

三、思考题

(1)混凝土的和易性包括____________、____________和____________。

(2)测定混凝土流动性的方法有____________和____________。

(3)标准立方体试件的尺寸为____________。

(4)立方体抗压强度与同截面的轴心抗压强度的关系为____________。

(5)在检测立方体抗压强度时，为什么要把试件的侧面作为承压面？

(6)当混凝土拌合物的坍落度过大或者过小时，应怎样解决？

(7)怎样测得混凝土拌合物的黏聚性和保水性？

(8)混凝土抗压强度试验时，加载的速度过快或者过慢，对试验结果有何影响？

项目六

建筑砂浆性能检测

任务一　建筑砂浆试验取样

一、取样方法

在砂浆搅拌机出料口随机制作砂浆试块。

二、取样批量

(1)建筑地面工程按每 1 层不应少于 1 组。当每层建筑地面工程面积超过 1 000 m^2 时，每增加 1 000 m^2 增做一组试块；不足 1 000 m^2，按 1 000 m^2 计。

(2)砌筑工程按每一检验批且不超过 250 m^3 砌体的各种类型及强度等级的砌筑砂浆，每台搅拌机应至少抽检一次。砌筑砂浆的验收批，同一类型、强度等级的砂浆试块应不少于 3 组。基础和主体各作为 1 个验收批。检验批的确定可根据施工段划分。

三、同盘砂浆

只应制作一组试块(棱长为 70.7 mm 的立方体试件 6 块)。当配合比不同时，应相应制作不同试件。

四、试块的制作

将无底试模内壁涂刷薄层机油后，放在预先铺有吸水性较好的湿纸的烧结普通砖上，砖的含水率不应大于 20%。

砂浆一次装满试模，用捣棒均匀地由外向里按螺旋方向插捣 25 次，然后沿试模壁四侧用油灰刀插捣数次，砂浆应高出试模顶面 6～8 mm。

当砂浆表面开始出现麻斑状态时(15～30 min)，将高出部分的砂浆沿试模顶面削去并抹平。

五、试块的养护

试块制作后应在 20 ℃±5 ℃温度环境下停置 1 昼夜(24 h±2 h)，当气温较低时，可适当延长时间，但不应超过 2 昼夜，然后对试件进行编号并拆模。

试块拆模后，应在标准养护条件下(水泥混合砂浆温度应为 20 ℃±3 ℃，相对湿度为 60%～80%，水泥砂浆和微沫砂浆温度应为 20 ℃±3 ℃，相对湿度为 90%以上)，继续养护至 28 d，然后进行试压。

六、样品标志

样品标志包括：施工单位、建设单位、工程名称、结构部位、砂浆种类、强度等级、施工日期、所用配合比、养护方法及温度。

七、送样

试块应在 28 d 内送试验室，填写好委托单，交试验人员。

八、检测项目

对砂浆样品进行抗压试验检测。对于节能工程采用的保温砂浆，应对其进行导热系数、密度、抗压强度、燃烧性能进行检测。注意：对于试验不合格的结构部位应进行现场检测。

任务二　检测任务的实施

一、建筑砂浆的拌和

1. 试验目的

学会建筑砂浆拌合物的拌制方法，为测试和调整建筑砂浆的性能，进行砂浆配合比设计打下基础。

2. 试验仪器

(1)砂浆搅拌机。

(2)磅秤。

(3)天平。

(4)拌合钢板。

3. 拌和方法

按所选建筑砂浆配合比备料，称量要准确。

(1)人工拌和法。

1)将拌合钢板与拌铲等用湿布润湿后，将称好的砂子平摊在拌合钢板板上，再倒入水泥，用拌铲自拌合钢板一端翻拌至另一端，如此反复，直至拌匀。

2)将拌匀的混合料集中成锥形，在堆上做一凹槽，将称好的石灰膏或黏土膏倒入凹槽中，再倒入适量的水将石灰膏或黏土膏稀释(如为水泥砂浆，将称好的水倒一部分到凹槽里)，然后与水泥及砂一起拌和，逐次加水，仔细拌和均匀。

3)拌和时间一般需 5 min，和易性满足要求即可。

(2)机械拌和法。

1)拌前先对砂浆搅拌机挂浆，即用按配合比要求的水泥、砂、水，在搅拌机中搅拌(涮膛)，然后倒出多余砂浆。其目的是防止正式拌和时水泥浆挂失影响到砂浆的配合比。

2)将称好的砂、水泥倒入搅拌机内。

3)开动搅拌机，将水徐徐加入(如是混合砂浆，应将石灰膏或黏土膏用水稀释成浆状)，搅拌时间从加水完毕算起为 3 min。

4)将砂浆从搅拌机倒在拌合钢板上，再用铁铲翻拌两次，使之均匀。

二、建筑砂浆的稠度试验

1. 试验目的

通过稠度试验，可以测得达到设计稠度时的加水量，或在现场对要求的稠度进行控制，以保证施工质量。掌握《建筑砂浆基本性能试验方法标准》(JGJ/T 70—2009)，正确使用仪器设备。

2. 试验仪器

(1)砂浆稠度仪。

(2)钢制捣棒。

(3)台秤。

(4)量筒。

(5)秒表。

3. 试验步骤

(1)用少量润滑油轻擦滑杆，再将滑杆上多余的油用吸油纸擦净使滑杆能自由滑动。

(2)盛浆容器和试锥表面用湿布擦干净后，将拌好的砂浆物一次装入容器，使砂浆表面低于容器口约为 10 mm，用捣棒自容器中心向边缘均匀地插捣 25 次，然后轻轻地将容器摇动或敲击 5～6 下，使砂浆表面平整，随后将容器置于砂浆稠度测定仪的底座上。

(3)拧开试锥滑杆的制动螺钉，向下移动滑杆，当试锥尖端与砂浆表面刚接触时，拧紧制动螺钉，使齿条侧杆下端刚接触滑杆上端，读出刻度盘上的读数(精确至 1 mm)。

(4)拧开制动螺钉，同时计时间，待 10 s 立刻固定螺钉，将齿条测杆下端接触滑杆上端，从刻度盘上读出下沉深度(精确至 1 mm)，两次读数的差值即为砂浆的稠度值。

(5)圆锥形容器内的砂浆，只允许测定一次稠度，重复测定时，应重新取样测定。

4. 试验结果评定

(1)取两次试验结果的算术平均值作为砂浆稠度的测定结果，计算值精确至 1 mm。

(2)两次试验值之差如大于 20 mm，则应另取砂浆搅拌后重新测定。

三、建筑砂浆的分层度试验

1. 试验目的

测定砂浆拌合物在运输及停放时的保水能力及砂浆内部各组分之间的相对稳定性，以评定其和易性。掌握《建筑砂浆基本性能试验方法标准》(JGJ/T 70—2009)，正确使用仪器设备。

2. 试验仪器

(1)砂浆分层度测定仪。

(2)砂浆稠度测定仪。

(3)水泥胶砂振实台。

(4)秒表。

(5)镘刀。

3. 试验步骤

(1)首先将砂浆拌合物按稠度试验方法测定稠度。

(2)将砂浆拌合物一次装入分层度筒内，待装满后，用木槌在容器周围距离大致相等的四个不同地方轻轻敲击 1～2 下，如砂浆沉落到低于筒口，则应随时添加，然后刮去多余的砂浆并用镘刀抹平。

(3)静置 30 min 后，去掉上节 200 mm 砂浆，将剩余的 100 mm 砂浆倒出，放在拌合锅内拌 2 min，再按稠度试验方法测其稠度。前、后测得的稠度之差即为该砂浆的分层度值(cm)。

4. 试验结果评定

砂浆的分层度宜为 10～30 mm，如大于 30 mm 易产生分层、离析和泌水等现象，如小于 10 mm 则砂浆过干，不宜铺设且容易产生干缩裂缝。

四、建筑砂浆的立方体抗压强度试验

1. 试验目的

测定建筑砂浆立方体的抗压强度，以便确定砂浆的强度等级并可判断是否达到设计要求。掌握《建筑砂浆基本性能试验方法标准》(JGJ/T 70—2009)，正确使用仪器设备。

2. 试验仪器

(1)压力试验机。

(2)试模。

(3)捣棒。

(4)垫板等。

3. 试件制备

(1)制作砌筑砂浆试件时，将无底试模放在预先铺有吸水性较好的湿纸的烧结普通砖上(砖的吸水率不小于 10%，含水率不大于 2%)，试模内壁事先涂刷脱膜剂或薄层机油。

(2)放在砖上的湿纸，应为湿的新闻纸(或其他未粘过胶凝材料的纸)，纸的大小要以能盖过砖的 4 边为准，砖的使用面要求平整，凡砖 4 个垂直面粘过水泥或其他胶结材料后，不允许再使用。

(3)向试模内一次注满砂浆，用捣棒均匀由外向里按螺旋方向插捣 25 次，为了防止低稠度砂浆插捣后可能留下孔洞，允许用油灰刀沿模壁插数次，使砂浆高出试模顶面 6～8 mm。

(4)当砂浆表面开始出现麻斑状态时(15～30 min)，将高出部分的砂浆沿试模顶面削去并抹平。

4. 试件养护

(1)试件制作后应在 20 ℃±5 ℃温度环境下停置 1 昼夜 24 h±2 h，当气温较低时，可适当延长时间，但不应超过 2 昼夜，然后对试件进行编号并拆模。试件拆模后，应在标准养护条件下，继续养护至 28 d，然后进行试压。

(2)标准养护条件。

1)水泥混合砂浆温度应为 20 ℃±3 ℃，相对湿度为 60%～80%。

2)水泥砂浆和微沫砂浆温度应为 20 ℃±3 ℃，相对湿度为 90%以上。

3)养护期间，试件彼此间隔不少于 10 mm。

(3)当无标准养护条件时，可采用自然养护。

1)水泥混合砂浆应在正常温度，相对湿度为 60%～80%的条件下(如养护箱中或不通风的室内)养护；

2)水泥砂浆和微沫砂浆应在正常温度并保持试块表面湿润的状态下(如湿砂堆中)养护；

3)养护期间必须做好温度记录。

(4)在有争议时，以标准养护为准。

5. 立方体抗压强度试验

(1)试件从养护地点取出后，应尽快进行试验，以免试件内部的温度发生显著变化。试验前先将试件擦拭干净，测量尺寸，并检查其外观。试件尺寸测量精确至 1 mm，并据此计算试件的承压面积。如实测尺寸与公称尺寸之差不超过 1 mm，可按公称尺寸进行计算。

(2)将试件安放在试验机的下压板上(或下垫板上)，试件的承压面应与成型时的顶面垂直，试件中心应与试验机下压板中心对准。开动压力试验机，当上压板与试件(或上垫板)接近时，调整球座，使接触面均衡承压。试验时应连续而均匀地加荷，加荷速度应为 0.5～1.5 kN/s(砂浆强度 5 MPa 以下时，取下限时宜；砂浆强度 5 MPa 以上时，取上限为宜)，当试件接近破坏而开始迅速变形时，停止调整试验油门，直至试件破坏，然后记录破坏荷载。

6. 试验结果计算

(1)砂浆立方体抗压强度应按下式计算(精确至 0.1 MPa)：

$$f_{m,cu}=\frac{P}{A}$$

式中 $f_{m,cu}$——砂浆立方体试件的抗压强度值(MPa)；

P——试件破坏荷载(N)；

A——试件承压面积(mm^2)。

(2)以 6 个试件测定值的算术平均值作为该组试件的抗压强度值，平均值计算精确至 0.1 MPa。

当 6 个试件的最大值或最小值与平均值的差超过 20%时，以中间 4 个试件的平均值作为该组试件的抗压强度值。

任务三　试验报告及结果处理

一、砂浆稠度测试

砂浆稠度测试见表 6-1。

砂浆质量配合比：____________________。

表 6-1　砂浆稠度测试报告

编号	拌和____L 砂浆所用各材料用量/kg				稠度值/cm	稠度平均值/cm
	水泥 m_1	石灰 m_2	砂子 m_3	水 m_4		
1						
2						

二、砂浆分层度测试

砂浆分层度测试见表 6-2。

砂浆质量配合比：____________________。

表 6-2 砂浆分层度测试报告

编号	拌和____L 砂浆所用各材料用量/kg				静置前稠度值/cm	静置 30 min 后稠度值/cm	分层度值/cm	分层度平均值/cm
	水泥 m_1	石灰 m_2	砂子 m_3	水 m_4				
1								
2								

结果评定：

根据分层度判别此砂浆保水性为：____________________。

三、砂浆抗压强度测试

砂浆抗压强度测试见表 6-3。

砂浆质量配合比：____________________。

表 6-3 砂浆抗压强度测试报告

试件	试件边长/mm		受压面积 A/m^2	最大破坏荷载 P/N	抗压强度 f/MPa	抗压强度平均值 f/MPa	单块抗压强度最小值 f/MPa	强度标准值 S/MPa	变异系数
	a	b							
1									
2									
3									
4									
5									
6									

结果评定：

根据国家标准，该批砂浆强度等级为____________________。

四、思考题

当砂浆的沉入量不符要求时，应如何调整？按吸水基底和不吸水基底分别说明。

项目七

钢筋力学及工艺性能检测

任务一 钢筋试验取样

一、钢混凝土用钢筋取样规则

1. 常用钢筋的种类及其质量标准

(1)热轧带肋钢筋：《钢筋混凝土用钢 第 2 部分：热轧带肋钢筋》(GB/T 1499.2—2007)。

(2)热轧光圆钢筋：《钢筋混凝土用钢 第 1 部分：热轧光圆钢筋》(GB 1499.1—2008)。

(3)余热处理钢筋：《钢筋混凝土用余热处理钢筋》(GB 13014—2013)。

2. 取样批量

应按批进行检查和验收，每批重量不大于 60 t。

3. 热轧带肋钢筋、热轧光圆钢筋、余热处理钢筋的取样

(1)热轧带肋钢筋：每批应由同一牌号、同一炉罐号、同一规格的钢筋组成。允许由同一牌号、同一冶炼方法、同一浇筑方法的不同炉罐号组成混合批，但各炉罐号含碳量之差不大于 0.02%，含锰量之差不大于 0.15%。

(2)热轧光圆钢筋：每批应由同一牌号、同一炉罐号、同一尺寸的钢筋组成。每批重量不大于 60 t。超过 60 t 的部分，每增加 40 t(或不足 40 t 的余数)，增加一个拉伸试验试样和一个弯曲试验试样。允许由同一牌号、同一冶炼方法、同一浇筑方法的不同炉罐号组成混合批。各炉罐号含碳量之差不得大于 0.02%，含锰量之差不得大于 0.15%。混合批的质量不大于 60 t。

(3)余热处理钢筋：每批应由同一牌号，同一炉罐号，同一规格，同一交货状态的钢筋组成。公称容量不大于 30 t 的冶炼炉冶炼的钢坯和连铸坯轧成的钢筋，允许由同一牌号、同一冶炼方法、同一浇筑方法的不同炉罐号组成混合批，但每批不应多于 6 个炉罐号。各炉罐号含碳量之差不得大于 0.02%，含锰量之差不得大于 0.15%。

(4)取样方法：从每批外观检查合格的钢材中任取两根(或两盘)，截去端头 50 cm，再截取试样。

(5)取样数量：在上述两根(盘)钢材上分别截取长试件和短试件各 1 件。

(6)试件尺寸：长试件长 $11d+25$ cm；短试件长，Q235：$5d+15$ cm；HRB335，$6d+15$ cm；HRB400，$8d+15$ cm（d 为钢材直径或厚度）。

4. 样品标志

样品标志包括施工单位、建设单位、工程名称、使用部位、钢材的生产厂家、炉(批)号、牌号、直径、合格证编号及批量。

5. 送样

填写好与样品标志相符的委托单，交试验人员。

6. 复检

若试验结果中，拉伸或冷弯试验任一有不合格项，则应从同一批中再任取双倍试样进行该不合格项的复验，取样方法同上。

7. 其他

进口钢材及遇有机械性能显著不正常或冷弯发生脆断的钢材，须送试验室重检及进行化学分析。冷拉率试验至少应取 4 根，且长度为 60 mm 以上。

8. 检测项目

对于新进场的产品应进行拉伸、抗弯、延伸率试验检测(对试验不合格产品应双倍取样检测)。

二、冷拉钢筋取样规则

1. 取样执行标准

《混凝土结构工程施工质量验收规范》(GB 50204—2015)。

2. 取样批量

由同级别、同直径的钢筋组成验收批，每批不超过 20 t。

3. 取样方法

从每批外观检查合格的冷拉钢筋中任取两根，截去端头 50 cm。

4. 取样数量

在上述两根钢筋上各截取长、短试件一根，共计两根长、两根短试件。长试件长 60 cm，短试件长 $5a+150$ mm（a 为钢筋直径）。

5. 样品标志

样品标志包括：施工单位、建设单位、工程名称、使用部位、钢筋牌号、直径、批量及冷拉日期。

6. 送样

填写好与样品相符的委托单，交试验人员。

7. 复检

机械性能试验有一项不合格，应取双倍试样复检，取样方法同上。

8. 检测项目

对于新进场的产品应进行拉伸和抗弯试验检测(对试验不合格产品应双倍取样检测)。

三、冷拔低碳钢丝取样规则

1. 取样执行标准

《混凝土制品用冷拔低碳钢丝》(JC/T 540—2006)。

2. 取样批量

冷拔低碳钢丝应成批进行检查和验收，每批冷拔低碳钢丝应由同一钢厂、同一钢号、同一总压缩率、同一直径组成，甲级冷拔低碳钢丝每批质量不大于 30 t，乙级冷拔低碳钢丝每批质量不大于 50 t。

3. 取样方法及数量

(1)甲级钢丝按盘编号，逐盘取样，截去端头 50 cm 后取两个试样，分别做拉力和 180°反复弯曲试验。拉力试样长为 40 cm，弯曲试样长为 15 cm。

(2)乙级钢丝从外观检查合格的每批中任取 3 盘，截去端头 50 cm，每盘各截取长、短试件各 1 根，分别做拉力和反复弯曲试验。长试件长为 40 cm，短试件长为 15 cm。

4. 样品标志

样品标志包括施工单位、建设单位、工程名称、使用部位、钢丝的牌号、直径和盘号。

5. 送样

填写好与样品相符的委托单，交给试验人员。

6. 复检

乙级钢丝经试验，若有一试样不合格，应从未取过试样的盘中截取双倍试样复检，如仍有 1 根不合格，则该批钢丝应逐盘检验。

7. 检测项目

甲级冷拔低碳钢丝应进行直径、抗拉强度、断后伸长率及反复弯曲次数的检验。如有某项检验项目不合格时，不得进行复检。乙级冷拔低碳钢丝应进行直径、抗拉强度、断后伸长率及反复弯曲次数的检验。如有某项检验项目不合格时，可从该批冷拔低碳钢丝中抽取双倍数量的试样进行复检。

四、冷轧带肋钢筋取样规则

1. 取样执行标准

《冷轧带肋钢筋》(GB/T 13788—2008)。

2. 取样批量

钢筋应按批进行验收，每批应由同一牌号、同一外形、同一规格和同一生产工艺和同一交货状态的钢筋组成，每批不大于 60 t。

3. 取样方法和数量

应逐盘取样。对直条成捆供应的 CRB550 级应逐捆取样。

(1)对盘状钢筋，从每盘的任一端截去 500 mm 后切取 3 个试件，1 个做抗拉强度和伸长率试验，另两个做弯曲试验。

(2)对捆状钢筋，从每捆中同一根钢筋上截取 3 个试件，1 个做抗拉强度和伸长率试验，另两个做弯曲试验。

4. 试件尺寸

抗拉试件长度为 60 cm，抗弯试件长度为 25 cm。

5. 样品标志

样品标志包括施工单位、建设单位、工程名称、使用部位、钢筋的牌号、直径、出厂厂家和进场批量。

6. 送样

填写好与样品相符的委托单，交给试验人员。

7. 进场复验检测项目

对于新进场的产品应进行拉伸、抗弯试验、伸长率试验检测(对试验不合格产品应双倍取样检测)。

五、预应力混凝土用钢筋取样规则

(1)每批钢筋或连接件进场后，应进行钢筋的力学及工艺性能试验或其他性能的复检，合格后方可使用。

(2)取样批量，按下列规定：

1)预应力混凝土用钢丝及预应力混凝土用钢绞线以同一牌号、同一规格、同一生产工艺不大于 60 t 为一批。

2)钢绞线、钢丝束无粘结预应力筋以同一钢号、同一规格、同一生产工艺生产的钢绞线、钢丝束不大于 30 t 为一批。

3)预应力钢筋用锚具、夹具和连接器以同一类产品、同一批原材料、用同一种工艺一次投料生产不超过 1 000 套组为 1 验收批。外观检查抽取 10%，且不少于 10 套。对其中有硬度要求的零件，硬度检验抽取 5%，且不少于 5 套。静载锚固能力检验抽取 3 套试件的锚具、夹具或连接器。

4)预应力混凝土用金属螺旋管每批抽检 9 件圆管试件(12 件扁管试件)。

5)进场复检测项目：对于新进场的产品应进行抗拉强度、规定非比例延伸强度、断后伸长率、弯曲试验、应力松弛试验、疲劳试验检测(对试验不合格产品应双倍取样检测)。

六、钢筋焊接骨架和焊接网的取样规则

(1)取样执行标准：《钢筋焊接及验收规程》(JGJ 18—2012)。

(2)在工程开工正式焊接之前，参与该项施焊的焊工应进行现场条件下的焊接工艺试验，并经试验合格后，方可正式生产。

(3)批量划分：凡钢筋牌号、直径及尺寸相同的焊接骨架和焊接网应视为同一类型制品，且每 300 件作为 1 批；1 周内不足 300 件的也应按 1 批计算。

(4)取样方法：试件应从每批成品中切取(注：切取过试件的制品，应补焊同牌号、同直径的钢筋，其边长的搭接长度不应小于 2 个孔格的长度)。

当焊接骨架所切取试件的尺寸小于规定的试件尺寸，或受力钢筋直径大于 8 mm 时，可在生产过程中制作模拟焊接试验网片，从中切取试件。

(5)试件尺寸：

拉伸试件——纵筋长度应大于或等于 300 mm，且横筋的焊点应处于纵筋长度的 1/2 处。

剪切试件——纵筋长度应大于或等于 290 mm；横筋长度应大于或等于 50 mm，其焊点距离纵筋一端应大于或等于 40 mm，距离另一端应大于或等于 250 mm。

(6)由几种直径钢筋组合的焊接骨架或焊接网，应对每种组合的焊点作力学性能检验；热轧钢筋应做剪切试验，每组 3 件；冷轧带肋钢筋焊点除做剪切试验外，还应对纵向和横向冷轧带肋钢筋做拉伸试验，试件应各为 1 件；冷拔低碳钢丝抗剪试件每组 3 件，拉伸试件每组 3 件。如需复检，应取双倍试件。

(7)样品标志包括施工单位、建设单位、工程名称、结构部位、钢筋牌号、直径、焊接日期、焊工姓名及证号。

(8)送样：填写与样品标志相符的委托单，交试验人员。

(9)检测项目：对样品应进行力学拉伸试验检测(对试验不合格产品应双倍取样检测)。

七、钢筋闪光对焊接头取样规则

(1)在工程开工正式焊接之前，参与该项施焊的焊工应进行现场条件下的焊接工艺试验，并经试验合格后，方可正式生产。

(2)取样批量：同一台班、同一焊工完成的 300 个同牌号、同直径钢筋的焊接接头应作为 1 批。当同一台班内的接头数量较少，可在 1 周之内累计计算；若累计仍不足 300 个接头时，应按一批计算。

(3)取样数量与尺寸：从每批接头中随机切取 6 个试件，其中：

1)3 个做拉伸试验，试件长度 60 cm，焊点应处于试件长度的 1/2 处。

2)3 个做弯曲试验，试件长度为$(D+2.5d)+150$ mm，D 为弯心直径，当 $d\leqslant 25$ mm 时，$D=4d$；当 $d>25$ mm 时，$D=5d$，d 为钢筋直径。

(4)试件要求：试件的焊点均应在试件长度的 1/2 处。抗弯试件应将焊点受压面的毛刺和镦粗变形部分消除，且与母材的外表面齐平。

(5)样品标志包括施工单位、建设单位、工程名称、结构部位、钢筋牌号、直径、该批接头数量、焊接日期、焊工姓名及证号。

(6)送样：填写与样品标志相符的委托单，交试验人员。

(7)检测项目：拉伸和抗弯试验检测(对试验不合格产品应双倍取样检测)。

八、钢筋电弧焊接头取样规则

(1)在工程开工正式焊接之前，参与该项施焊的焊工应进行现场条件下的焊接工艺试验，并经试验合格后，方可正式生产。

(2)取样批量：

1)在现浇钢筋混凝土结构中，应以 300 个同牌号钢筋、同形式接头作为 1 批；在房屋结构中，应在不超过 2 楼层中以 300 个同牌号钢筋、同形式接头作为一批；当不足 300 个时，仍应作为 1 批。

2)在装配式结构中，可按生产条件制作模拟试件。

3)在同一批中若有几种不同直径的钢筋焊接接头，应在最大直径钢筋接头中切取 3 个试件。

(3)取样方法与数量：从成品中每批随机切取 3 个接头进行拉伸试验。

(4)试件尺寸：每个试件的长度为 $8d+400$ mm(d 为钢筋直径)，焊接点应处于试件长度尺寸的 1/2 处。

(5)样品标志包括施工单位、建设单位、工程名称、结构部位、钢筋牌号、直径、焊接日期、焊工姓名及证号。

(6)送样：填写与样品标志相符的委托单，交试验人员。

(7)检测项目：拉伸试验检测(对试验不合格产品应双倍取样检测)。

九、钢筋电渣压力焊接头取样规则

(1)在工程开工正式焊接之前，参与该项施焊的焊工应进行现场条件下的焊接工艺试验，并经试验合格后，方可正式生产。

(2)取样批量：

1)在现浇混凝土结构中，应以300个同牌号钢筋接头作为1批。

2)在房屋结构中，在不超过2楼层中应300个同牌号钢筋接头作为一批；当不足300个接头时，仍应作为1批。

3)在同一批中若有几种不同直径的钢筋焊接接头，应在最大直径钢筋接头中切取3个试件。

(3)取样方法与数量：应从每批接头中随机切取3个试件做拉伸试验。复检应取双倍试件。

(4)试件尺寸：试件长度为60 cm。焊点应处于试件长度的1/2处。

(5)样品标志包括施工单位、建设单位、工程名称、结构部位、钢筋牌号、直径、接头批量、焊接日期、焊工姓名及证号。

(6)送样：填写与样品标志相符的委托单，交试验人员。

(7)检测项目：进行拉伸试验检测(对试验不合格产品应双倍取样检测)。

十、钢筋气压焊接头的取样规则

(1)在工程开工正式焊接之前，参与该项施焊的焊工应进行现场条件下的焊接工艺试验，并经试验合格后，方可正式生产。

(2)取样批量：

1)在现浇混凝土结构中，应以300个同牌号钢筋接头作为1批。

2)在房屋结构中，在不超过2楼层中应300个同牌号钢筋接头作为一批；当不足300个接头时，仍应作为1批。

3)在同一批中若有几种不同直径的钢筋焊接接头，应在最大直径钢筋接头中切取3个试件。

(3)取样方法与数量：应从每批接头中随机切取3个接头做拉伸试件。在梁、板的水平钢筋连接中，还应另切取3个接头做弯曲试件。抗弯试件的焊点侧面应用砂轮磨至与母材外表面齐平。如需复验，应取双倍试件。

(4)试件尺寸：

拉伸试件长度为60 cm，焊点应在长度的1/2处。

抗弯试件焊点应处于试件长度的1/2处。

试件长度为$(D+2.5d)+150$ mm，D为弯心直径，当$d \leqslant 25$ mm时，$D=4d$；当$d>25$ mm时，$D=5d$，d为钢筋直径。

(5)样品标志包括施工单位、建设单位、工程名称、结构部位、钢筋牌号、直径、焊接日期、焊工姓名及证号。

(6)送样：填写与样品标志相符的委托单，交试验人员。

(7)检测项目：进行拉伸和弯曲试验检测(对试验不合格产品应双倍取样检测)。

十一、钢筋机械连接接头取样规则

(1)执行标准:《钢筋机械连接技术规程》(JGJ 107—2016)。

钢筋连接工程开始前及施工过程中，应对每批进场钢筋进行接头工艺检验，合格后方可正式生产。工艺检验应符合下述要求:

1)每种规格钢筋的接头均应做拉伸试验;

2)接头试件的钢筋母材也应做拉伸试验，且应取自接头试件的同一根钢筋。

(2)取样批量:同一施工条件下采用同一批材料的同等级、同形式、同规格接头，以500个为一个验收批;不足500个也作为一个验收批。

(3)取样方法与数量:每一验收批的接头试件必须在工程结构中随机切取。每种规格的接头试件不应少于3个。如需复检时，应取双倍试件。

(4)试件尺寸:试件长度尺寸为500～550 mm。连接件必须处于试件长度尺寸的中间位置。

(5)样品标志包括施工单位、建设单位、工程名称、结构部位、钢筋牌号、直径、试件制作日期、操作工姓名及证号。

(6)送样:填写与样品标志相符的委托单，交给试验人员。

(7)检测项目:进行拉伸试验检测(对试验不合格产品应双倍取样检测)。

任务二　检测任务的实施

一、钢筋拉伸性能检测

1. 试验目的

测定低碳钢的屈服强度、抗拉强度与断后延伸率。注意观察拉力与变形之间的变化。确定应力与应变之间的关系曲线，评定钢筋的强度等级。

2. 试验仪器

万能材料试验机、钢筋打点机、游标卡尺(精度为0.1 mm)。

3. 试验步骤

(1)试样制备。用钢筋打点机标距出一系列等分小冲点，标出原始标距(标记不应影响试样断裂)，测量标距长度 L_0(精确至0.1 mm)，计算钢筋强度所用横截面面积，采用表7-1所列公称横截面面积。

表7-1　钢筋的公称横截面面积

公称直径/mm	公称横截面面积/mm²	公称直径/mm	公称横截面面积/mm²
8	50.27	22	380.1
10	78.54	25	490.9
12	113.1	28	615.8
14	153.9	32	804.2

续表

公称直径/mm	公称横截面面积/mm²	公称直径/mm	公称横截面面积/mm²
16	201.1	36	1 018
18	254.5	40	1 257
20	314.2	50	1 964

(2)钢筋抗拉性能检测。

1)试验一般在室温 10 ℃～35 ℃范围内进行，对温度要求严格的试验，试验温度应为 23 ℃±5 ℃；应使用楔形夹头、螺纹夹头、套环夹头等合适的夹具夹持试样。

2)调整万能材料试验机测力度盘的指针，使其对准零点，并拨动副指针，使之与主指针重合。在万能材料试验机右侧的试验记录辊上夹好坐标纸及铅笔等记录设施；有计算机记录的，则应连接好计算机并开启记录程序。

3)将试样夹持在试验机夹头内。开动试验机进行拉伸，试验机活动夹头的分离速率应尽可能保持恒定，拉伸速度为屈服前应力增加速率，见表 7-2，并保持万能材料试验机控制器固定于这一速率位置上，直至该性能被测出为止，屈服后只需测定抗拉强度时，万能材料试验机活动夹头在荷载下的移动速度不宜大于 $0.5L_c$/min，L_c 为试件两夹头之间的距离。

表 7-2 屈服前的加荷速率

金属材料的弹性模量/MPa	应力速率/(MPa · s⁻¹)	
	最小	最大
<150 000	2	20
≥150 000	6	60

4)加载时要认真观测，在拉伸过程中测力度盘的主指针暂时停止转动时的恒定荷载，或主指针回转后的最小荷载，即为所求的屈服点荷载 F_s(N)。将此时的主指针所指度盘数记录在试验报告中。继续拉伸，当主指针回转时，副指针所指的恒定荷载即为所求的最大荷载 F_b(N)，由测力度盘读出副指针所指度盘数记录在试验报告中。

5)将已拉断试样的两段在断裂处对齐，尽量使其轴线位于一条直线上。如拉断处由于各种原因形成缝隙，则此缝隙应计入试样拉断后的标距部分长度内。待确保试样断裂部分适当接触后测量试样断后标距 L_1(mm)，要求精确至 0.1 mm。L_1 的测定方法有以下两种：

①直接法。如拉断处到邻近的标距点的距离大于 $\frac{1}{3}L_0$ 时，可用游标卡尺直接量出已被拉长的标距长度 L_1。

②移位法。如拉断处到邻近的标距端点的距离小于或等于 $\frac{1}{3}L_0$，可按下述移位法确定 L_1：在长段上，从拉断处 O 取等于短段格数，得 B 点，接着取等于长段所余格数[偶数，如图 7-1(a)所示]之半，得 C 点；或者取所余格数[奇数，如图 7-1(b)所示]减 1 与加 1 之半，得 C 与 C_1 点。移位后的 L_1 分别为 $AO+OB+2BC$ 或者 $AO+OB+BC+BC_1$。

如果直接测量所求得的断后伸长率能达到技术条件的规定值，则可不采用移位法。如果实件在标距点上或标距外断裂，则测试结果无效，应重做试验。将测量出的被拉长的标距长度 L_1 记录在试验报告中。

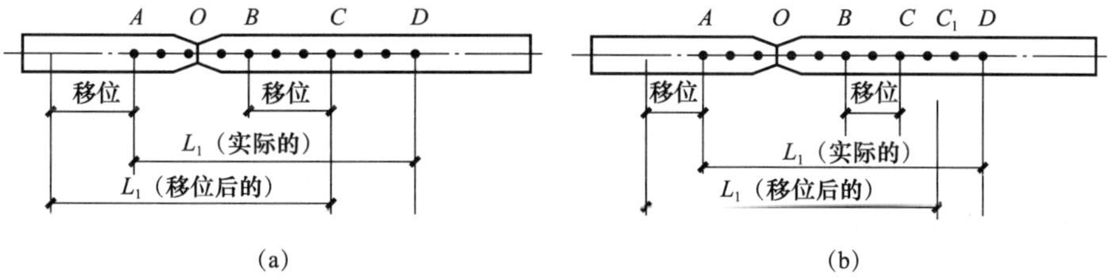

图 7-1　用移位法计算标距

4. 试验结果计算

(1)屈服点强度。按下式计算试件的屈服强度：

$$\sigma_s = F_s / A$$

式中　σ_s——屈服点强度(MPa)；

F_s——屈服点荷载(N)；

A——试样原最小横截面面积(mm^2)。

当 σ_s>1 000 MPa 时，应计算至 10 MPa；当 σ_s 为 200～1 000 MPa 时，计算至 5 MPa；当 $\sigma_s \leqslant$200 MPa 时，计算至 1 MPa。小数点数字按“四舍六入五单双法”处理。

(2)抗拉强度。按下式计算试件的抗拉强度：

$$\sigma_b = F_b / A$$

式中　σ_b——抗拉强度(MPa)；

F_b——试样拉断后最大荷载(N)；

A——试样原最小横截面面积(mm^2)。

σ_b 计算精度的要求同 σ_s。

(3)也可以使用自动装置(例如微处理机等)或自动测试系统测定屈服强度 σ_s 和抗拉强度 σ_b。

(4)断后伸长率。按下式计算：

$$(\delta_{10}，\delta_5)d = (L_1 - L_0)/L_0 \times 100\%$$

式中　δ_{10}，δ_5——分别表示 $L_0 = 10d$ 或 $L_0 - 5d$ 时的伸长率(精确至 1%)；

L_0——原标距长度 $10d(5d)$(mm)；

L_1——试样拉断后直接量出或按移位法确定的标距部分长度(mm)。

在试验报告册相应栏目中填入测量数据。填表时，要注明测量单位。此外，还要注意仪器本身的精度。在正常状况下，仪器所给出的最小读数，应当在允许误差范围之内。

二、　钢筋冷弯性能检测

1. 试验目的

测定钢筋在冷加工时承受规定弯曲程度的弯曲变形能力，显示其缺陷，评定钢筋质量是否合格。

2. 试验仪器

万能材料试验机。

3. 试验步骤

(1)试样准备。钢筋冷弯试件长度通常为

$$L = 0.5(d + a) + 140$$

式中　L——试样长度(mm)；

d——弯心直径(mm)；

a——试样原始直径(mm)。

试件的直径不大于 50 mm。

(2)钢筋抗弯性能检测。

1)根据钢筋的级别，确定弯心直径、弯曲角度，调整两支辊之间的距离。两支辊之间的距离为

$$l=(d+3a)\pm 0.5a$$

式中　d——弯心直径(mm)；

a——钢筋公称直径(mm)。

距离 l 在试验期间应保持不变。

2)试样按照规定的弯心直径和弯曲角度进行弯曲，试验过程中应平稳地对试件施加压力。在作用力下的弯曲程度可以分为三种类型(图 7-2)，测试时应按有关标准中的规定分别选用。

①达到某规定角度的弯曲，如图 7-2(a)所示。

②绕着弯心弯到两面平行时的程度，如图 7-2(b)所示。

③弯到两面接触时的重合弯曲，如图 7-2(c)所示。

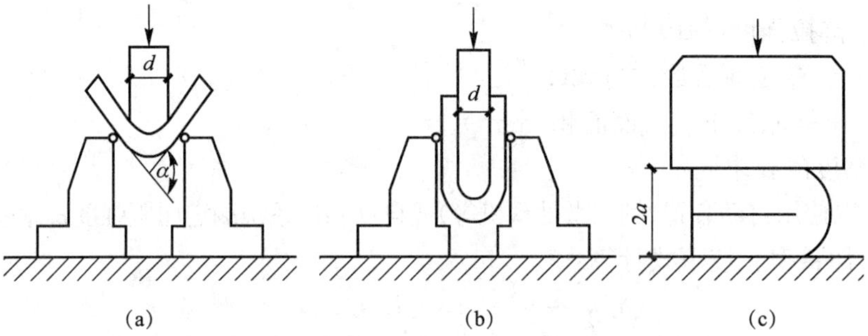

图 7-2　钢材冷弯试验的几种弯曲程度

(a)弯曲至某规定角度；(b)弯曲至两面平行；(c)弯曲至两面重合

3)重合弯曲时。应先将试样弯曲到图 7-2(b)的形状(建议弯心直径 $d=a$)。然后在两平行面间继续以平稳的压力弯曲到两面重合。两压板平行面的长度或直径应不小于试样重叠后的长度。

4)冷弯试验的试验温度必须符合有关标准规定。整个测试过程应在 10 ℃～35 ℃或控制条件 23 ℃±5 ℃下进行。

4. 试验结果评定

弯曲后检查试样弯曲处的外面及侧面，如无裂缝、断裂或起层等现象即认为试样合格。做冷弯试验的两根试样中，如有一根试样不合格，即为冷弯试验不合格。应再取双倍数量的试样重做冷弯试验。在第二次冷弯试验中，如仍有一根试样不合格，则该批钢筋即为不合格品。将上述所测得的数据进行分析，分析试样属于哪级钢筋，是否达到要求标准。

任务三　试验报告及结果处理

一、钢筋力学及工艺性能检测

钢筋力学及工艺性能检测见表 7-3。

表 7-3　钢筋力学及工艺性能检测报告

项目	编号	屈服荷载/N	极限强度/N	屈服强度/MPa	抗拉强度/MPa	原标距长度/mm	断后标距长度/mm	断后伸长率/%
拉伸	1							
	2							

项目	编号	弯心直径/mm	弯曲角/(°)	检验结果	冷弯是否合格
冷弯	1				
	2				

二、思考题

(1)低碳钢在拉伸过程中，会出现哪几个阶段？

(2)什么是钢材的屈服强度？什么是钢材的抗拉强度？

(3)怎样根据检测结果判定钢材的冷弯性能是否合格？

项目八

砌墙砖性能检测

任务一　砌墙砖试验取样

一、取样批量

以同次进场的、由同一厂家生产的、同品种、同强度等级、同规格的砌墙砖组成检验批。

批量：烧结普通砖 3.5 万～15 万块、烧结多孔砖 5 万块、烧结空心砖 3.5 万～15 万块、混凝土多孔砖 3.5 万～15 万块、混凝土小型空心砌块 1 万块(用于基础和底层的不应少于两组)、蒸压灰砂砖及粉煤灰砖 10 万块、蒸压加气混凝土砌块 1 万块为 1 批，不足仍按 1 批计。

二、取样方法

每批用随机抽样法从外观质量检验后的样品中抽取。

三、取样数量

烧结普通砖、烧结多孔砖和蒸压灰砂砖为 5 块，其他砖为 10 块。

四、样品标志

样品标志包括施工单位、建设单位、工程名称、结构部位、砖或砌块的品种、等级、厂家、批量。

五、送样

填写好与样品相符的委托单，交试验人员。运送过程中要注意保护好样品，以免影响外观质量。

六、检测项目

主要进行抗压试验检测，对于有节能要求的砌体，应对其导热系数、密度、燃烧性能进行检测(不合格样品双倍取样试验)。

任务二　检测任务的实施

一、砌墙砖的抗压强度测定

1. 试验目的

测定砌墙砖的抗压、抗折强度，并通过测定的抗压、抗折强度，确定砖的强度等级。

2. 试验仪器

(1)压力试验机(300～600 kN)。试验机的示值相对误差不大于±1%，预期最大荷载应为最大量程的 20%～80%。

(2)抗压试件制备平台。其表面必须平整、水平，可用金属制作。

(3)锯砖机、水平尺(规格为 250～350 mm)。

(4)钢直尺(分度值为 1 mm)。

(5)抹刀。

(6)玻璃板(边长为 160 mm，厚度为 3～5 mm)。

3. 试验步骤

(1)试样制备。试样数量：烧结普通砖、烧结多孔砖和蒸压灰砂砖为 5 块，其他砖为 10 块(空心砖大面和条面抗压各 5 块)。非烧结砖也可用抗折强度测试后的试样作为抗压强度试样。

1)烧结普通砖、非烧结砖的试件制备：将试样切断或锯成两个半截砖，断开后的半截砖长不得小于 100 mm，如图 8-1 所示。在试样制备平台上将已断开的半截砖放入室温的净水中浸 10～20 min 后取出，并使断口以相反方向叠放，两者中间抹以厚度不超过 5mm 的水泥净浆黏结，上、下两面用厚度不超过 3 mm 的同种水泥浆抹平。水泥浆用 42.5 级普通硅酸盐水泥调制，稠度要适宜。制成的试件上、下两面须相互平行，并垂直于侧面，如图 8-2 所示。

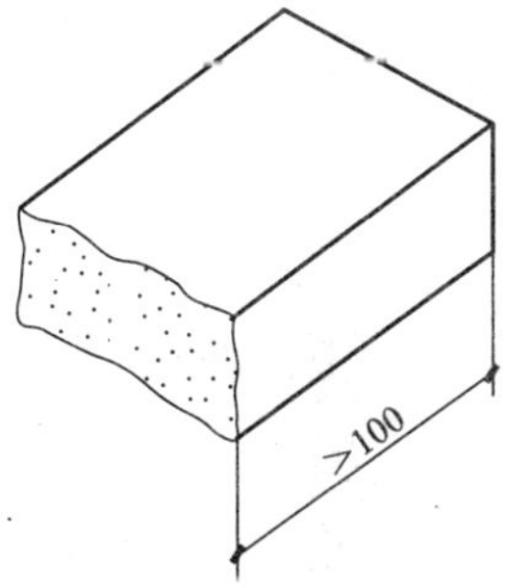

图 8-1　断开的半截砖

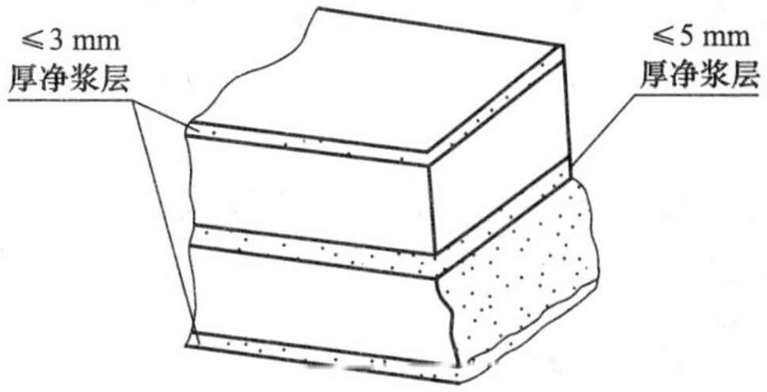

图 8-2　砖的抗压试件

2)多孔砖、空心砖的试件制备：多孔砖以单块整砖沿竖孔方向加压。空心砖以单块整砖沿大面和条面方向分别加压。试件制作采用坐浆法操作。即用一块玻璃板置于水平的试件制备平台上，其上铺一张湿的垫纸，纸上铺一层厚度不超过 5 mm，用 42.5 级普通硅酸盐水泥制成的稠度适宜的水泥净浆，再将经水中浸泡 10～20 min 的多孔砖试样平稳地将受压面坐放在水泥浆上，在另一受压面上稍加压力，使整个水泥层与砖的受压面相互粘结，砖的侧面应垂直于玻璃板。待水泥浆适当凝固后，连同玻璃板翻放在另一铺纸放浆的玻璃板上，再进行坐浆，并用水平尺校正上玻璃板，使之水平。

制成的抹面试件应置于温度不低于 10 ℃的不通风室内养护 3 d，再进行强度测试。非烧结砖不需要养护，可直接进行测试。

(2)抗压强度检测。测量每个试件连接面或受压面的长、宽尺寸各 2 个，分别取其平均值(精确至 1 mm)。将试件平放在加压板的中央，垂直于受压面加荷，加荷过程应均匀平稳，不得发生冲击或振动，加荷速度以 2～6 kN/s 为宜，直至试件破坏为止，在试验报告册中记录最大破坏荷载 P。

4. 试验结果计算

(1)结果计算：每块试样的抗压强度 f_p 按下式计算(精确至 0.1 MPa)：

$$f_p=\frac{P}{Lb}$$

式中 f_p——砖样试件的抗压强度(MPa)；

P——最大破坏荷载(N)；

L——试件受压面(连接面)的长度(mm)；

b——试件受压面(连接面)的宽度(mm)。

(2)结果评定。

1)试验后抗折和抗压按以下两式分别计算出强度变异系数 δ、标准差 S。

$$\delta=\frac{S}{\overline{f}}$$

$$S=\sqrt{\frac{1}{9}\sum_{i=1}^{10}(f_i-\overline{f})^2}$$

式中 δ——砖的强度变异系数，精确至 0.01；

S——10 块试样的抗压强度标准差(MPa)，精确至 0.01；

$\overline{f}$——10 块试样的抗压强度平均值(MPa)，精确至 0.01；

f_i——单块试样抗压强度测定值(MPa)，精确至 0.01。

2)当变异系数 $d\leqslant 0.21$ 时，按抗压强度平均值 $\overline{f}$、强度标准值 f_k 指标评定砖的强度等级。样本量 $n=10$ 时的强度标准值按下式计算：

$$f_k=\overline{f}-2.1S$$

式中 f_k——强度标准值(MPa)，精确至 0.1。

3)当变异系数 $d>0.21$ 时，按抗压强度平均值 $\overline{f}$、单块最小抗压强度值 f_{min} 指标评定砖的强度等级。

二、砖的抗折强度测定

1. 试验目的

测定砌墙的抗折强度，并通过测定的抗压、抗折强度，确定砖的强度等级。

2. 试验仪器

砖瓦抗折试验机(或抗折夹具)。抗折试验的加荷形式为三点加荷，其上、下压辊的曲率半径为 15 mm，下支辊应有一个为铰支固定。

3. 试验步骤

(1)试样制备。试样数量及处理：烧结砖和蒸压灰砂砖为 5 块，其他砖为 10 块。蒸压灰砂砖应放在温度为 20 ℃±5 ℃的水中浸泡 24 h 后取出，用湿布拭去其表面水分进行抗折强度试验。粉煤灰砖和炉渣砖在养护结束后 24～36 h 内进行试验，烧结砖不需浸水及其他处理，直接进行试验。

(2)抗折强度检测。

1)按尺寸测量的规定，测量试样的宽度和高度尺寸各 2 次。分别取其算术平均值(精确至 1 mm)。

2)调整抗折夹具下支辊的跨距为砖规格长度减去 40 mm。但规格长度为 190 mm 的砖样，其跨距为 160 mm。

3)将试样大面平放在下支辊上，试样两端面与下支辊的距离应相同。当试样有裂纹或凹陷时，应使有裂纹或凹陷的大面朝下放置，以 50～150 N/s 的速度均匀加荷，直至试样断裂，在试验报告册中记录最大破坏荷载 P。

4. 试验结果计算

(1)每块多孔砖试样的抗折荷重以最大破坏荷载乘以换算系数计算(精确至 0.1 kN)。其他品种每块砖样的抗折强度 f_c 按下式计算(精确至 0.1 MPa)：

$$f_c=\frac{3PL}{2bh^2}$$

式中 f_c——砖样试块的抗折强度(MPa)；

P——最大破坏荷载(N)；

L——跨距(mm)；

b——试样宽度(mm)；

h——试样高度(mm)。

(2)测试结果以试样抗折强度的算术平均值和单块最小值表示(精确至 0.1 MPa)。

任务三 试验报告及结果处理

一、抗压强度测定

抗压强度测定见表 8-1。

本组计算加荷速度：__________kN/s。

表 8-1 抗压强度测定报告

试件编号	尺寸/mm		受压面积 F /mm²	破坏荷载 P /kN	抗压强度 $R_{压}$ /MPa	备注
	长 L	宽 b				
1						
2						
3						
4						
5						
平均值						
最小值						

二、抗折强度测定

抗折强度测定见表 8-2。

本组计算加荷速度：__________kN/s。

表 8-2　抗折强度测定报告

试件编号	尺寸/mm			破坏荷载 P /kN	抗折强度 $R_{折}$ /MPa	备注
	跨距 L	宽 b	厚 h			
1						
2						
3						
4						
5						
平均值						
最小值						

三、思考题

(1)砖的抗压试件是如何制作的？为什么要如此制作？

(2)试述压力试验机正确操作的主要步骤。

项目九

混凝土小型空心砌块性能检测

任务一　砌块试验取样

一、取样批量

以同次进场的、由同一厂家生产的、同品种、同强度等级、同规格的砌块组成验收批。

批量：烧结普通砖 3.5 万～15 万块、烧结多孔砖 5 万块、烧结空心砖 3.5 万～15 万块、混凝土多孔砖 3.5 万～15 万块、混凝土小型空心砌块 1 万块(用于基础和底层的不应少于 2 组)、灰砂砖及粉煤灰砖 10 万块、蒸压加气混凝土砌块 1 万块为 1 批，不足仍按 1 批计。

二、取样方法

每批用随机抽样法从外观质量检验后的样品中抽取。

三、取样数量

混凝土小型空心砌块 5 块，蒸压加气混凝土砌块 6 块，其余的均为 10 块。

四、样品标志

样品标志包括：施工单位、建设单位、工程名称、结构部位、砖或砌块的品种、等级、厂家、批量。

五、送样

填写好与样品相符的委托单，交试验人员。在运送过程中要注意保护好样品，以免影响外观质量。

六、检测项目

主要进行抗压试验检测，对于有节能要求的砌体，应对其导热系数、密度、燃烧性能进行检测(不合格样品双倍取样试验)。

任务二　检测任务的实施

一、混凝土小型空心砌块的抗压强度测定

1. 试验目的

检测混凝土小型砌块的抗压强度，并通过测定的抗压、抗折强度，确定砌块的强度等级。

2. 试验仪器

(1)材料试验机：材料试验机的示值误差应不大于2%，其量程选择应能使试件的预期破坏荷载落在满量程的20%～80%。

(2)钢板：钢板的厚度不小于10 mm，平面尺寸应大于440 mm×240 mm。钢板的一面需平整，精度要求在长度方向范围内的平面度不大于0.1 mm。

(3)玻璃平板：玻璃平板的厚度不小于6 mm，平面尺寸与钢板的要求相同。

(4)水平尺。

3. 试验步骤

(1)试样制备。

1)试件数量为5个砌块。

2)处理试件的坐浆面和铺浆面，使之成为互相平行的平面。将钢板置于稳固的底座上，平整面向上，用水平尺调至水平。在钢板上先薄薄地涂一层机油或铺一层湿纸，然后平铺一层1∶2的水泥砂浆(强度等级42.5级以上普通硅酸盐水泥，细砂，加入适量的水)，将试件的坐浆面湿润后平稳地压入砂浆层内，使砂浆层尽可能均匀，厚度为3～5 mm。将多余的砂浆沿试件棱边刮掉，静置24 h以后，再按上述方法处理试件的铺浆面。为使两面能彼此平行，在处理铺浆面时，应将水平尺置于现已向上的坐浆面上调至水平。在温度为10 ℃以上不通风的室内养护3 d后做抗压强度试验。

3)为缩短时间，也可在坐浆面砂浆层处理后，不经静置立即在向上的铺浆面上铺一层砂浆并压上事先涂油的玻璃平板，边压边观察砂浆层，将气泡全部排除，并用水平尺调至水平，直至砂浆层平而均匀，厚度达3～5 mm。

(2)抗压强度检测。

1)测量每个试件的长度和宽度，分别求出各个方向的平均值，精确至1 mm。

2)将试件置于试验机承压板上，使试件的轴线与材料试验机压板的压力中心重合，以10～30 kN/s的速度加荷，直至试件破坏。在试验报告册中记录最大破坏荷载P。

若材料试验机压板不足以覆盖试件受压面时，可在试件的上、下承压面加辅助钢压板。辅助钢压板的表面光洁度应与试验机原压板相同，其厚度至少为原压板边至辅助钢压板最远距离的1/3。

4. 试验结果计算

(1)每个试件的抗压强度按下式计算(精确至0.1 MPa)：

$$f_q=\frac{P}{LB}$$

式中　f_q——试件的抗压强度(MPa)；

P——破坏荷载(N)；

L——受压面的长度(mm)；

B——受压面的宽度(mm)。

(2)试验结果以 5 个试件抗压强度的算术平均值和单块最小值表示，精确至 0.1 MPa。

(3)将上述结果记录在试验报告册中。

二、混凝土小型空心砌块的抗折强度测定

1. 试验目的

检测混凝土小型空心砌块的抗折强度，并通过测定的抗压、抗折强度，确定砌块的强度等级。

2. 试验仪器

(1)材料试验机，其技术要求同抗压强度检测。

(2)钢棒：直径为 35～40 mm，长度为 210 mm，数量为 3 根。

(3)抗折支座：由安放在底板上的两根钢棒组成，其中至少有 1 根是可以自由滚动的(图 9-1)。

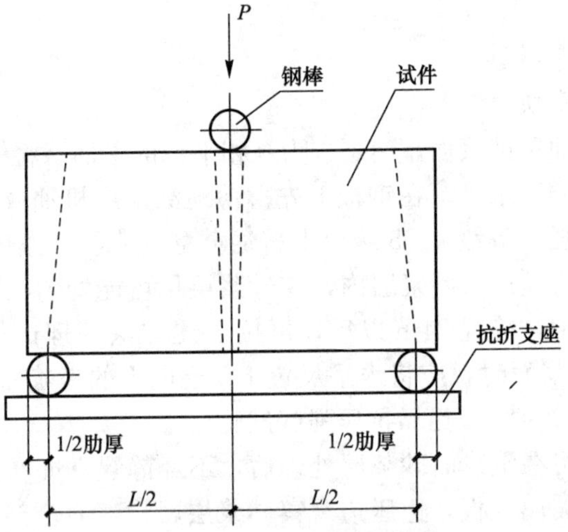

图 9-1　抗折强度示意图

3. 试验步骤

(1)试样制备。试件数量、尺寸测量及试件表面处理同抗压强度试验。表面处理后应将试件孔洞处的砂浆层打掉。

(2)抗折强度检测。

1)将抗折支座置于材料试验机承压板上，调整钢棒轴线间的距离，使其等于试件长度减一个坐浆面处的肋厚，再使抗折支座的中线与试验机压板的压力中心重合。

2)将试件的坐浆面置于抗折支座上。

3)在试件的上部 1/2 长度处放置 1 根钢棒(图 9-1)。

4)以 250 N/s 的速度加荷直至试件破坏。在试验报告册中记录最大破坏荷载 P。

4. 试验结果计算

(1)每个试件的抗折强度按下式计算(精确至 0.1 MPa):

$$f_z=\frac{3PL}{2BH^2}$$

式中 f_z——试件的抗折强度(MPa);

P——破坏荷载(N);

L——抗折支座上两钢棒轴心间距(mm);

B——试件宽度(mm);

H——试件高度(mm)。

(2)试验结果以 5 个试件抗压强度的算术平均值和单块最小值表示，精确至 0.1 MPa。

(3)将上述结果记录在试验报告册中。

任务三　试验报告及结果处理

一、抗压强度测定

抗压强度测定见表 9-1。

本组计算加荷速度：__________kN/s。

表 9-1　抗压强度测定报告

试件编号	尺寸/mm		受压面积 F /mm^2	破坏荷载 P /kN	抗压强度 $f_{q压}$ /MPa	备注
	长 L	宽 B				
1						
2						
3						
4						
5						
平均值						
最小值						

二、抗折强度测定

抗折强度测定见表 9-2。

本组计算加荷速度：__________kN/s。

表 9-2　抗折强度测定报告

试件编号	尺寸/mm			破坏荷载 P /kN	抗折强度 $f_{z折}$ /MPa	备注
	跨距 L	宽 B	厚 H			
1						
2						
3						
4						
5						
平均值						
最小值						

三、思考题

(1)混凝土小型空心砌块的抗压、抗折试件是如何制作的?

(2)通过抗压抗折强度的计算和数据处理，你所检测的混凝土小型空心砌块强度等级是多少？试推导该过程。

项目十

石油沥青性能检测

任务一 石油沥青试验取样

一、取样批量

同一生产厂家、同一品种、同一标号、同一批号连续进场的沥青(石油沥青每 100 t 为 1 批，改性沥青每 50 t 为 1 批)，每批次抽检 1 次。

二、取样方法

固体或半固体样品取样量为 1～1.5 kg，液体沥青为 1 L，乳化石油沥青为 4 L。从槽车、罐车、沥青洒布车中取样及卸料过程中取样时，要按时间间隔均匀地取至少 3 个规定数量样品，然后将这些样品充分混合后取规定数量样品作为试样。固体沥青取样应在表面以下及容器侧面以内 5 cm 处采取。

三、样品标志

样品标志包括：施工单位、建设单位、工程名称、结构部位、品种、标号和批量。

四、送样

填写好试验委托单，交给试验人员。

五、检测项目

对于新进场的产品应进行针入度、延度、软化点试验检测(不合格产品应双倍取样送检)。

任务二 检测任务的实施

一、沥青针入度检测

1. 试验目的

针入度是表征固体、半固体石油沥青稠度的主要指标，是划分沥青牌号的主要依据之一。本方法适用于测定针入度小于 350 的固体、半固体石油沥青。石油沥青的针入度以标准针在一定的荷重、时间及温度条件下垂直穿入沥青试样的深度来表示，其单位为 0.1 mm。如未另行规定，标准针、针连杆与附加砝码的合计质量为 100 g±0.1 g，温度为 25 ℃，时间为 5 s。特定试验条件见表 10-1。

表 10-1　特定试验条件

温度/℃	荷重/g	时间/s
0	200	60
4	200	60
46	50	5

2. 试验仪器

(1)针入度仪：如图 10-1 所示，其中支柱上有两个悬臂，上臂装有分度为 360 的刻度盘及活动尺杆，在上下运动的同时使指针转动；下臂装有可滑动的针连杆，总质量为 50 g±0.05 g，并设有控制针连杆运动的制动按钮，其座上设有旋转玻璃皿的可旋转的平台及观察镜。

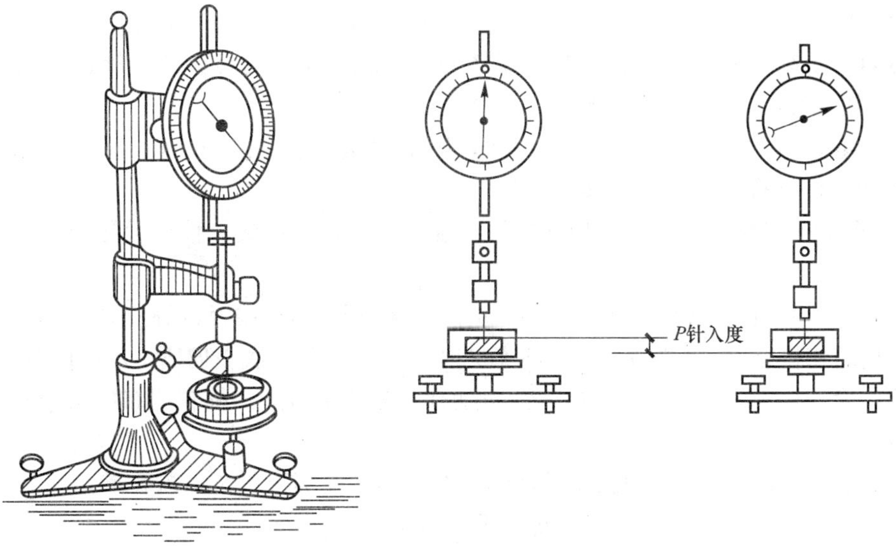

图 10-1　针入度仪

(2)标准针：标准针应由硬化回火的不锈钢制成，其尺寸应符合《沥青针入度测定法》(GB/T 4509—2010)的规定。

(3)试样皿：试样皿为金属圆柱形平底容器。针入度小于 200 时，试样皿内径为 55 mm，内部深度为 35 mm；针入度为 200～350 时，试样皿内径为 70 mm，内部深度为 45 mm；针入度为 350～500 时，内部深度为 60 mm，试样体积不少于 125 mL。

(4)恒温水浴：恒温水浴容量不小于 10 L，能保持温度在试验温度的±0.1 ℃范围内。

(5)平底玻璃皿：平底玻璃皿容量不小于 10 L。

(6)秒表。

(7)温度计。

(8)孔径为 0.3～0.5 mm 的筛子。

3. 试样制备

(1)将预先除去水分的沥青试样在砂浴或密闭电炉上小心加热，不断搅拌，加热温度不得超过软化点 100 ℃。加热时间不得超过 30 min，用筛过滤除去杂质。

(2)将试样倒入预先选好的试样皿中，试样深度应大于预计深度 10 mm。

(3)试样皿在 15 ℃～30 ℃的空气中冷却 1～1.5 h(大试样皿)，防止灰尘落入试皿。然后将试样皿移入保持试验温度的恒温水浴中。小试样皿恒温 1～1.5 h，大试样皿恒温 1.5～2 h。

(4)调节针入度仪使之水平。检查针连杆和导轨，以确认无水和其他外来物及明显摩擦。用三氯乙烯或其他溶剂清洗标准针，并拭干。把标准针插入针连杆，用螺钉固紧。按试验条件，加上附加砝码。

4. 试验步骤

(1)取出达到恒温的盛样皿，并移入水温控制在试验温度±0.1 ℃(可用恒温水槽中的水)的平底玻璃皿中的三腿支架上，试样表面以上的水层高度不小于 10 mm。

(2)将盛有试样的平底玻璃皿置于针入度计的平台上。慢慢放下针连杆，用适当位置的反光镜或灯光反射观察，使针尖刚好与试样表面接触。拉下活杆，使与针连杆顶端轻轻接触，调节刻度盘或深度指示器的指针指示为零。

(3)开动秒表，在指针正指 5 s 的瞬间，用手紧压按钮，使标准针自由下落贯入试样，经规定时间，停压按钮使针停止移动。

(4)拉下刻度盘拉杆与针连杆顶端接触，读取刻度盘指针或位移指示器的读数，精确至 0.1 mm。

(5)同一试样平行试验至少 3 次，各测定点之间及与盛样皿边缘的距离不应少于 10 mm。每次试验后应将盛有盛样皿的平底玻璃皿放入恒温水槽，使平底玻璃皿中水温保持试验温度。每次试验应换一根干净标准针或将标准针用蘸有三氯乙烯溶剂的棉花或布擦干净，再用干棉花或布擦干。

(6)测定针入度大于 200 的沥青试样时，至少用 3 支标准针，每次试验后将针留在试样中，直至 3 次平行试验完成后，才能把标准针取出。

5. 数据处理

取 3 次测定针入度的平均值，取至整数，作为试验结果，3 次测定的针入度值相差不应大于表 10-2 规定的数值。若差值超过表中数值，试验应重做。

表 10-2 针入度差值

针入度	0～49	50～149	150～249	250～350
最大差值	2	4	6	8

二、延度测定

1. 试验目的

延度是反映沥青塑性的指标，通过延度测定可以了解石油沥青抵抗变形的能力，并将其作为确定沥青牌号的依据之一。石油沥青的延度用规定的试件在一定速度拉伸至断裂时的长度表示。

2. 试验仪器

(1)延度仪：将试件浸没于水中，能保持规定的试验温度及按照规定拉伸速度拉伸试件，且试验时无明显振动的延度仪均可使用。

(2)试模(图 10-2)：试模用黄铜制作，由两个端模和两个侧模组成。

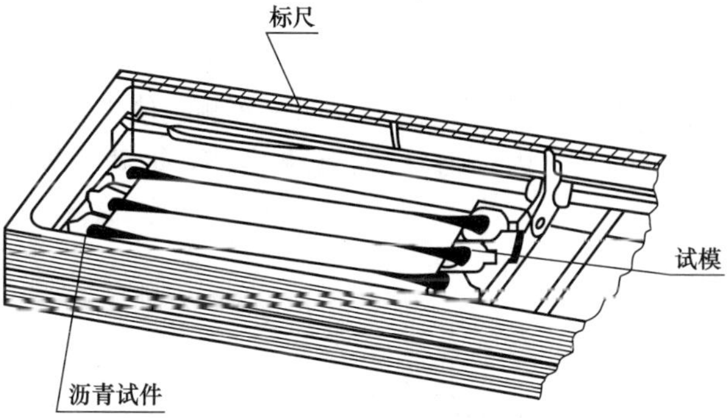

图 10-2　试模

(3)试模底板：试模底板为玻璃板或磨光的铜板、不锈钢板(表面粗糙度 $Ra0.2\ \mu m$)。

(4)恒温水槽：恒温水槽容量不少于 10 L，控制温度的准确度为 0.1 ℃，水槽中应设有带孔搁架，搁架距水槽底不得小于 50 mm。试件浸入水中深度不小于 100 mm。

(5)温度计：0 ℃～50 ℃，分度为 0.1 ℃。

(6)砂浴或其他加热炉具。

(7)甘油滑石粉隔离剂(甘油与滑石粉的质量比为 2∶1)。

(8)其他：平刮刀、石棉网、酒精、食盐等。

3. 试验准备

(1)将隔离剂拌和均匀，涂于清洁、干燥的试模底板和两个侧模的内侧表面，并将试模在试模底板上装妥。

(2)按规定的方法准备试样，然后将试样仔细自试模的一端至另一端往返数次缓缓注入模中，最后略高出试模，灌模时应注意勿使气泡混入。

(3)试件在室温中冷却 30～40 min，然后置于规定试验温度±0.1 ℃的恒温水槽中，保持 30 min 后取出，用热刮刀刮除高出试模的沥青，使沥青面与试模面齐平。沥青的刮法应自试模的中间刮向两端，且表面应刮得平滑。将试模连同底板再浸入规定试验温度的水槽中 1～1.5 h。

(4)检查延度仪延伸速度是否符合规定要求，然后移动滑板使其指针正对标尺的零点。将延度仪注水，并保温达试验温度±0.5 ℃。

4. 试验步骤

(1)将保温后的试件连同底板移入延度仪的水槽中，然后将盛有试样的试模自玻璃板或不锈钢板上取下，将试模两端的孔分别套在滑板及槽端固定板的金属柱上，并取下侧模。水面距试样表面应不小于 25 mm。

(2)开动延度仪，并注意观察试样的延伸情况。此时应注意，在试验过程中，水温应始终保持在试验温度规定范围内，且仪器不得有振动，水面不得有晃动，当水槽采用循环水时，应暂时中断循环，停止水流。在试验中，如发现沥青细丝浮于水面或沉入槽底时，则应在水中加入酒精或食盐，调整水的密度至与试样相近后，重新试验。

(3)试件拉断时，读取指针所指标尺上的读数，以厘米表示，在正常情况下，试件延伸时应成锥尖状，拉断时实际断面接近于零。如不能得到这种结果，则应在报告中注明。

5. 试验结果评定

取三个平行测定值的平均值作为测定结果。如三次测定值不在其平均值的 5%以内，但其中两个较高值在平均值的 5%之内，则舍去最低测定值，取两个较高值的平均值作为测定结果。

三、沥青软化点检测

1. 试验目的

软化点是反映沥青耐热性及温度稳定性的指标，是确定沥青牌号的依据之一。石油沥青的软化点是指以规定质量的钢球放在规定尺寸金属环的试样盘上，以恒定的加热速度加热，当测定试样软到足使沉入的沥青中的钢球下落达 25.4 mm 时的温度，以℃表示。

2. 试验仪器

软化点试验仪、电炉或其他加热设备、金属板或玻璃板、刀、孔径为 0.6～0.8 mm 的筛、温度计、金属皿、砂浴箱等。

3. 试验准备

(1)所有石油沥青试样的准备和测试必须在 6 h 内完成，煤焦油沥青必须在 4.5 h 内完成。在加热试样时要不断搅拌，以防止局部过热，直到样品变得流动。小心搅拌，以避免气泡进入样品中。石油沥青样品加热至流动温度的时间不超过 2 h，其加热温度不超过预计沥青软化点 110 ℃。煤焦油沥青样品加热至流动温度的时间不超过 30 min，其加热温度不超过煤焦油沥青预计软化点 55 ℃。如果重复试验，不能重新加热样品，应在干净的容器中用新鲜样品制备试样。

(2)若估计软化点在 120 ℃以上，应将铜环与支撑板预热至 80 ℃～100 ℃，然后将铜环放到涂有隔离剂的支撑板上，否则会出现沥青试样从铜环中完全脱落的情况。

(3)向每个环中倒入略过量的石油沥青试样，让试件在室温下至少冷却 30 min。对于在室温下较软的样品，应将试件在低于预计软化点 10 ℃以上的环境中冷却 30 min。从开始倒试样时起至完成试验的时间不得超过 240 min。

(4)当试样冷却后，用稍加热的小刀或刮刀彻底地刮去多余的沥青，使得每一个圆片饱满，且与铜环的顶部齐平。

4. 试验步骤

(1)选择加热介质。新沸煮过的蒸馏水适用于软化点为 80 ℃的试样，起始加热介质温度应为 5 ℃±1 ℃。甘油适用于软化点高于 80 ℃的试样，起始加热介质的温度应为 30 ℃±1 ℃。为了进行比较，所有软化点低于 80 ℃的沥青应在水浴中测定，而高于 80 ℃的沥青在甘油浴中测定。

(2)从水或甘油保温槽中取出盛有试样的铜环放置在上承板的圆孔中，并套上钢球定位器把整个环架放在烧杯内，调整水面或甘油液面至深度标记，铜环架上任何部位均不得有气泡。将温度计由上承板中心孔垂直插入，使水银球与铜环下面齐平。

(3)将烧杯移至有石棉网的三脚架上或电炉上，然后将钢球放在试样上(必须各铜环的平面在全部加热时间内完全处于水平状态)立即加热，使烧杯内水或甘油温度在 3 min 后保持每分钟上升 5 ℃±0.5 ℃。在整个测定中，如温度的上升速度超出此范围时，则试验应重做。

(4)试样受软化下垂至与下承板面接触时的温度即为试样的软化点。

5. 注意事项

(1)试验的精密度和允许差规定是非常重要的项目，本法对精度的规定尽量按国际上通行的采用重复性和再现性的表示方法。重复性试验是指短期内在同一试验室由同一个试验人员、采用同一仪器、对同一试样完成两次以上的试验操作，所得试验结果之间的误差应不超过规定的允许差；再现性试验是指在两个以上不同的试验室，由各自的试验人员采用各自的仪器，按相同的试验方法对同一试样分别完成试验操作，所得的试验结果之间的误差也不应超过规定的允许差。但一个样品某次试验结果的获得是同时进行几次试验(如针入度同时扎 3 针)，通常以几次平行试验的平均值作为试验结果。试验方法一般均规定几次试验结果的允许误差，它并不属于重复性试验。这里平行试验的允许差是检验这一次试验的精确度，是对试验方法本身的要求，其重复性和再现性试验的允许值与作为一次试验取 2～3 个平行试验的差值含义不同，它是多次试验的结果，即平均值之间的允许差，故要求更为严格。重复性和再现性试验只有在需要时(如仲裁试验)才做。重复性试验往往是对试验人员的操作水平、取样代表性的检验，再现性则同时检验仪器设备的性能，通过这两种试验检验试验结果的法定效果，如试验结果不符合精确度要求时，试验结果即属无效。

(2)针入度试验属于条件性试验，因此，试验时要注意其条件。针入度的条件有三项，分别为温度、时间和针质量。这三项要求不一样，会严重影响结果的正确性。试验时要定期检验标准针，尤其不能使用针尖被损的标准针。在每次试验时，均应用三氯乙烯擦拭标准针。同时，要严格控制温度，使其满足精度要求。

(3)影响沥青针入度测定值的一个非常重要的步骤就是标准针与试样表面的接触情况。在试验时，一定要让标准针刚接触试样表面；试验时可将针入度仪置于光线照射处，从试样表面观察标准针的倒影，而后调节标准针升降，使标准针与其倒影刚好接触即可。

(4)将沥青试样注入试样皿时，不应留有气泡。若有气泡，可用明火将其消掉，以免影响结果的正确性。

任务三　试验报告及结果处理

一、石油沥青检测试验报告

石油沥青检测试验报告见表 10-3。

表 10-3　石油沥青检测试验报告

<table>
<tr><td>样品名称</td><td colspan="2"></td><td>生产单位</td><td></td></tr>
<tr><td>规格型号</td><td colspan="2"></td><td>代表数量</td><td></td></tr>
<tr><td>试验项目</td><td>规定标准</td><td>实测值</td><td>平均值</td><td>单项判定</td></tr>
<tr><td rowspan="3">针入度/(1/10 mm)</td><td rowspan="3"></td><td></td><td rowspan="3"></td><td rowspan="3"></td></tr>
<tr><td></td></tr>
<tr><td></td></tr>
<tr><td rowspan="3">延度/cm</td><td rowspan="3"></td><td></td><td rowspan="3"></td><td rowspan="3"></td></tr>
<tr><td></td></tr>
<tr><td></td></tr>
<tr><td rowspan="3">软化点/℃</td><td rowspan="3"></td><td></td><td rowspan="3"></td><td rowspan="3"></td></tr>
<tr><td></td></tr>
<tr><td></td></tr>
<tr><td>检验依据</td><td colspan="4"></td></tr>
<tr><td>结论</td><td colspan="4"></td></tr>
<tr><td>备注</td><td colspan="4"></td></tr>
</table>

软化点取平行测定两个结果的算术平均值作为测定结果。重复测定两个结果间的差数不得大于表 10-4 的规定。

表 10-4　软化点允许差数

软化点/℃	允许差数/℃
＜80	1
80～100	2
＞100～140	3

二、思考题

(1)什么是石油沥青的黏性、塑性、温度敏感性?

(2)沥青的三大指标指的是哪些？分别表示哪些性能？

(3)石油沥青的牌号如何划分？牌号大小说明什么问题？

项目十一

改性沥青防水卷材性能检测

任务一　防水卷材试验取样

一、高聚物改性沥青防水卷材

现场抽样数量：大于1 000卷抽5卷，每500～1 000卷抽4卷，100～499卷抽3卷，100卷以下抽2卷，进行规格尺寸和外观质量检验。在外观质量检验合格的卷材中，任取1卷在距端部300 mm处裁取约3 m作物理性能检验。

物理性能检验：拉力，最大拉力时断后延伸率，低温柔度，不透水性。

二、合成高分子防水卷材

现场抽样数量：大于1 000卷抽5卷，每500～1 000卷抽4卷，100～499卷抽3卷，100卷以下抽2卷，进行规格尺寸和外观质量检验。在外观质量检验合格的卷材中，任取1卷在距端部300 mm处裁取约3 m作物理性能检验。

物理性能检验：断裂拉伸强度，断后伸长率，低温弯折，不透水性等的检验。

三、沥青基防水涂料

现场抽样数量：每工作班生产量为1批抽样，在批中随机抽取整桶样品，逐桶检查外观质量，然后取1份2 kg样品作物理性能检验。

物理性能检验：固体含量，耐热度，柔性，不透水性，断后伸长率。

四、无机防水涂料

现场抽样数量：每10 t为1批，不足10 t按1批抽样，每批抽样质量5 kg以上。

物理性能检验：抗折强度，粘结强度，抗渗性。

五、有机防水涂料

现场抽样数量：每5 t为一批，不足5 t按一批抽样，每批抽样质量5 kg以上。

物理性能检验：固体含量，拉伸强度，断后伸长率，柔性，不透水性。

六、胎体增强材料

现场抽样数量：每 3 000 m^2 为 1 批，不足 3 000 m^2 按 1 批抽样，每批抽样 2 m^2 以上，现场封样后，送检测部门检测。

物理性能检验：拉力，断后伸长率。

七、改性石油沥青密封材料

现场抽样数量：每 2 t 为一批，不足 2 t 按一批抽样，每批抽取质量 3 kg 以上，现场封样后，送检测部门检测。

物理性能检验：低温柔性，拉伸粘结性，施工度。

八、合成高分子密封材料

现场抽样数量：每 1 t 为 1 批，不足 1 t 按 1 批抽样。每批抽取重量 3 kg 以上，现场封样后，送检测部门检测。

物理性能检验包括拉伸粘结性，柔性等的检验。

九、高分子防水材料止水带

现场抽样数量：每月同标记的止水带产量为 1 批抽样。

物理性能检验：拉伸强度，断后伸长率，撕裂强度。

十、高分子防水材料遇水膨胀橡胶

现场抽样数量：每月同标记的膨胀橡胶产量为 1 批抽样。

物理性能检验：拉伸强度，断后伸长率，体积膨胀率。

十一、沥青防水卷材

现场抽样数量：大于 1 000 卷抽 5 卷，每 500～1 000 卷抽 4 卷，100～499 卷抽 3 卷，100 卷以下抽 2 卷，进行规格尺寸和外观质量检验。在外观质量检验合格的卷材中，任取 1 卷在距端部 300 mm 处裁取约 3 m 作物理性能检验。

物理性能检验：纵向拉力，耐热度，柔度，不透水性。

十二、样品标志

样品标志包括：施工单位、建设单位、工程名称、结构部位、品种、标号和批量。

十三、送样

填写好试验委托单，交给试验人员。

十四、检测项目

对于新进场的产品应进行柔韧性、延伸、不透水性试验检测(不合格产品应双倍取样送检)。

任务二　检测任务的实施

一、SBS防水卷材拉力测试

1. 试验目的

检测SBS防水卷材的性能，并根据试验结果评定卷材的质量等级。

2. 试验仪器

(1)拉力机：拉力机的测量范围为0～1 000 N或0～2 000 N，最小读数为5 N，夹具夹持宽不小于5 cm。拉力机在无负荷情况下，空夹具自动下降速度为40～50 mm/min。

(2)量尺(精确度为0.1 cm)。

3. 试样准备

试件尺寸、形状、数量及制备见相关规范。

4. 试验方法与步骤

(1)将试件置于拉力试验机相同温度的干燥处不少于1 h。

(2)调整好拉力机后，将定温处理的试件夹持在夹具中心，并不得歪扭，上、下夹具之间的距离为180 mm，开动拉力机使受拉试件被拉断为止。

(3)拉断时指针所指数值即为试件的拉力。如试件断裂处距夹具小于20 mm时，该试件试验结果无效；应在同一样品上另行切取试件，重做试验。

5. 试验结果计算

取3块试件的拉力平均值作为该试样的拉力值。

断后伸长率的计算方法：

$$E=\frac{L_1-L_0}{L_0}\times 100\%$$

式中　E——试件的延伸率(%)；

L_1——试件最大拉力时夹具间的距离(mm)；

L_0——初始夹具间的距离(mm)。

二、SBS防水卷材耐热度测试

1. 试验目的

检测SBS防水卷材的性能，并根据试验结果评定卷材的质量等级。

2. 试验仪器

(1)电热恒温箱：其带有热风循环装置。

(2)温度计：其量程为0 ℃～150 ℃，最小刻度为0.5 ℃。

(3)干燥器：其直径为250～300 mm。

(4)表面皿：其直径为60～80 mm。

(5)试件挂钩：其为洁净、无锈的细钢丝或回形针。

3. 试验方法与步骤

(1)在每块试件距短边一端 1 cm 处的中心打一小孔。

(2)用细钢丝或回形针穿挂好试件小孔，放入已定温至标准规定温度的电热恒温箱内。试件的位置与箱壁的距离不应小于 50 mm，试样间应留一定距离(不致粘结在一起)，试件的中心与温度计的水银球应在同一水平位置上，距每个试样下端 10 mm 处，各放一表面皿用以接受淌下的沥青等物质。

4. 试验结果评定

在规定温度下加热 2 h 后，取出试样，及时观察并记录试样表面有无涂盖层滑动和集中性气泡。集中性气泡是指破坏油毡涂盖层原型的密集气泡。

三、SBS 防水卷材不透水性测试

1. 试验目的

检测 SBS 防水卷材的性能，并根据试验结果评定卷材的质量等级。

2. 试验仪器

(1)不透水仪：选用具有 3 个透水盘的不透水仪，它主要由液压系统、测试系统、夹紧装置和透水盘等部分组成，透水盘底座内径为 92 mm，透水盘金属压盖上有 7 个均匀分布的直径为 25 mm 的透水孔。压力表测量范围为 0～0.6 MPa，精度为 2.5 级。

(2)定时钟(或带定时器的油毡不透水测试仪)。

3. 试验准备

(1)水箱充水：将洁净水注满水箱。

(2)放松夹脚：启动油泵，在油压的作用下，夹脚活塞带动夹脚上升。

(3)水缸充水：先将水缸内的空气排净，然后利用水缸活塞将水从水箱吸入水缸，完成水缸充水过程。

(4)试座充水：当水缸储满水后，由水缸同时向 3 个试座充水。当 3 个试座充满水并已接近溢出状态时，关闭试座进水阀门。

(5)水缸二次充水：由于水缸容积有限，当完成向试座充水后，水缸内储存水已近断绝，需通过水箱向水缸再次充水，其操作方法与第一次充水相同。

4. 试验方法与步骤

(1)安装试件：将 3 块试件分别置于 3 个透水盘试座上，涂盖材料薄弱的一面接触水面，并注意"O"形密封圈应固定在试座槽内，试件上盖上金属压盖(或油毡不透水测试仪的探头)，然后通过夹脚将试件压紧在试座上。如产生压力影响结果，可向水箱泄水，达到减压目的。

(2)压力保持：打开试座进水阀，通过水缸向装好试件的透水盘底座继续充水，当压力表达到指定压力时，停止加压，关闭进水阀和油泵，同时开动定时钟或油毡不透水测试仪定时器，随时观察试件有否渗水现象，并记录开始渗水时间。在规定测试时间出现其中1 块或 2 块试件有渗漏时，必须关闭控制相应试座的进水阀，以保证其余试件能继续测试。

(3)卸压：当测试达到规定时间即可卸压取样，启动油泵，夹脚上升后即可取出试样，关闭油泵。

5. 试验结果评定

检查试件有无渗漏现象。所有 3 块试件在规定时间内无渗漏现象，则认为不透水性试验通过。

四、SBS 防水卷材低温柔性测试

1. 试验目的

检测 SBS 防水卷材的性能，并根据试验结果评定卷材的质量等级。

2. 试验仪器

(1)柔度弯曲器：其为 ϕ25 mm、ϕ20 mm、ϕ10 m 金属圆棒或 R 为 12.5 mm、10 mm、5 mm 的金属柔度弯板。

(2)温度计：其量程为 0 ℃～50 ℃，精确度为 0.5 ℃。

(3)保温水槽或保温瓶。

3. 试验方法与步骤

将呈平板状无卷曲试件和圆棒(或弯板)同时浸泡入已定温的水中，若试件有弯曲则可稍微加热，使其平整。试件经 30 min 浸泡后自水中取出，立即沿圆棒(或弯板)在约 2 s 时间内按均衡速度弯曲折成 180°。

4. 结果计算与数据处理

用肉眼观察试件表面有无裂纹。

注意事项如下：

(1)试样在试验前应原封放于干燥处并保持在 15 ℃～30 ℃范围内一定时间。试验室内温度：25 ℃±2 ℃。

(2)按表 11-1 中规定的尺寸和数量切取试件。

(3)性能检测中所用的水应为蒸馏水或洁净的淡水(饮用水)。

表 11-1 试样尺寸和数量表

试件项目		试件尺寸/(mm×mm)	数量/块
浸料材料总量		100×100	3
不透水性		150×150	3
吸水性		100×100	3
拉力		250×50	3
耐热度		100×50	3
柔度	纵向	60×30	3
	横向	60×30	3

(4)各项指标试验值除另有注明外，均以平均值作为试验结果。

(5)性能检测时如由于特殊原因造成试验失败，不能得出结果，应取备用试件重做，但须注明原因。

任务三　试验报告及结果处理

一、SBS 改性沥青防水卷材试验报告

SBS 改性沥青防水卷材试验报告见表 11-2。

表 11-2　SBS 改性沥青防水卷材试验报告

序号	项目	标准要求	检测结果
1	不透水性	压力 0.3 MPa，保持时间 30 min	
2	耐热度	温度 90 ℃，受热 2 h，涂盖层应无滑动、流淌、滴落	
3	拉力(N/50 mm)	纵向≥450 横向≥450	
4	断裂延伸率/%	纵向≥30 横向≥30	
5	低温柔度	温度−18 ℃，ϕ=25 mm，2 s，弯 180°，无裂纹	
备注	评定意见：		

二、思考题

与传统的沥青防水卷材相比较，改性沥青防水卷材和合成高分子防水卷材有什么突出的优点？

项目十二

建筑外门窗物理三性检测

任务一　三性检测的准备

1. 试验目的

本试验依据《建筑外门窗气密、水密、抗风压性能分级及检测方法》(GB/T 7106—2008)对建筑外门窗气密、水密、抗风压性能进行分级及检测，并判断其是否合格。本试验对建筑节能具有非常重要的意义。

2. 试验仪器

建筑外门窗气密、水密、抗风压性能检测设备如图 12-1 所示。

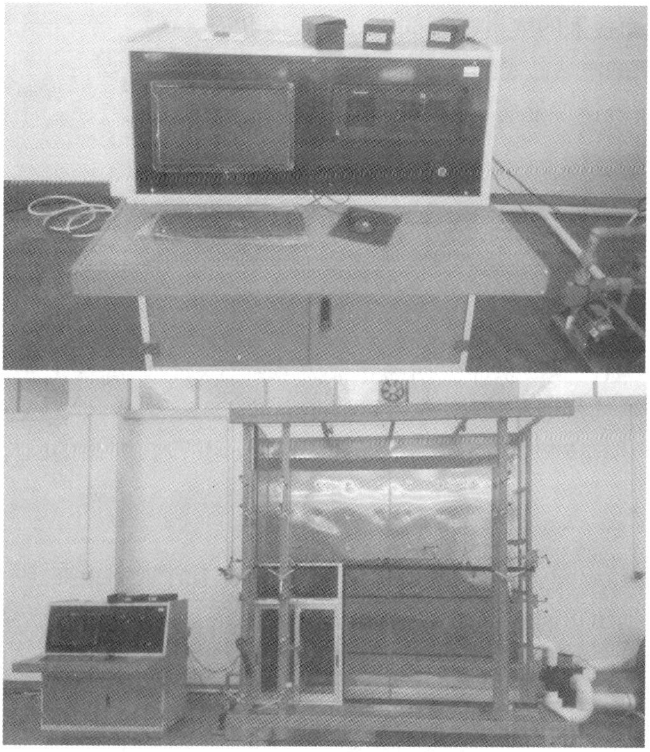

图 12-1　建筑外门窗气密、水密、抗风压性能检测设备

3. 试验方法

(1)试件及其安装。

1)试件应按所提供图样生产的合格产品或研制的试件，不得附有任何多余的零配件或采用特殊的组装工艺或改善措施。测量试件的外形尺寸，分清被测试件的户内、户外面，选用适当的系列竖隔板搭配使用。

2)将加力梁移至静压箱左端。

3)将被测试件安放于静压箱前方，使其边框与静压箱右侧的固定隔板、底板升降横隔板及选好的竖隔板共同组成静压箱室。

4)将使用的加力梁移至试件边框处，利用加力梁上的夹具将被测试件均匀夹紧。

5)观察试件的支梁结构形式，参照相关国家标准，确定主要受力杆件及挠度测试点位置。将位移传感器夹具固定于测试挠度处的加力梁上，并将位移传感器的出点对准试验点，调整好距离后，将其固定于位移夹具上。在采集数据过程中，不允许有任何外力使其产生位移变形。

6)试件要求垂直，下框要求水平，下部安装框不应高于试件室外侧排水孔，不应因安装而出现变形。试件安装完成后，符合试件安装情况，可开启部分功能正常，表面不可沾有不洁物。试件安装完毕后，将试件可开启部分开关 5 次，最后关紧。

(2)蓄水池及水管路准备。

1)蓄水池内贮藏至少 4/5 的水量，并要求水质清洁、无杂物。

2)蓄水池注水后，水路无渗漏。

3)水调节阀应处于关闭状态。

4)喷淋控制柜面板上的喷淋控制阀应处于关闭状态。

(3)将控制柜上的电气按键置于关闭状态。

(4)检查管路系统连接处应牢固、可靠，无渗漏现象。

任务二　气密性能检测

1. 试验步骤

(1)进入试验界面：双击桌面上门窗快捷方式，在运行的图片上单击鼠标弹出的“测试项目”选择框。选择“气密性能检测”进入试验主界面。

(2)数据设定：单击“测试”下拉菜单选择“数据设定”。在弹出的窗体内根据被测试件填写后退出。

(3)启动风机：单击“风机启动”按钮。

(4)正向预备加压：单击“正向预备加压”按钮，右上方提示正在进行正向预备加压。正向预备加压结束后提示正向预备加压结束。待压力回零后，将试件所有可开启部分开关5 次最后关紧，便可进行下一步。

(5)正向附加渗透量：将被测试件密封后单击“正向附加渗透量”按钮，提示正在进行正向附加渗透量。正向附加渗透量结束后提示正向附加渗透量结束。将试件所有可开启部分开关 5 次最后关紧，便可进行下一步。

(6)负向预备加压：单击“负向预备加压”按钮，上方提示正在进行负向预备加压。负向与预备加压结束后提示负向预备加压结束。将试件所有可开启部分开关 5 次最后关紧，便可进行下一步。

(7)负向附加渗透量：单击“负向附加渗透量”按钮，提示正在进行负向附加渗透量。负向附加渗透量结束后提示负向附加渗透量结束便可进行下一步。

(8)正向总渗透量：将被测试件的密封条拆下后单击“正向总渗透量”按钮，提示正在进行正向总渗透量。正向总渗透量结束后提示正向总渗透量结束，便可进行下一步。

(9)负向总渗透量：单击“负向总渗透量”按钮，提示正在进行负向总渗透量。负向总渗透量结束后提示负向总渗透量结束，便可进行下一步。

2. 检测值的处理

(1)计算。分别计算出升压和降压过程中在 100 Pa 压差下的两个附加渗透量的平均值 q 和两个总渗透量测定值的平均值 q_z，则窗试件本身 100 Pa 压力差下的空气渗透量 q_t(m^3/h)可按式(1)计算：

$$q_t = q_z - q_f \tag{1}$$

然后再利用式(2)将 q_t 换算成标准状态下的渗透量 q'(m^3/h)值。

$$q' - \frac{293}{101.3} \times \frac{q_t \cdot p}{T} \tag{2}$$

式中 q'——标准状态下通过试件空气渗透量值(m^3/h)；

P——试验室气压值(kPa)；

T——试验室空气温度值(K)；

q_t——试件渗透量测定值(m^3/h)。

将 q' 值除以试件开启缝长度 l，即可得出在 100 Pa 下，单位开启缝长空气渗透量 q'[$m^3/(m \cdot h)$]值，即式(3)：

$$q_1' = \frac{q'}{l} \tag{3}$$

或将 q' 值除以试件面积 A，得到在 100 Pa 下，单位面积的空气渗透量 $m^3/(m^2 \cdot h)$ 值，即式(4)：

$$q_2' = \frac{q'}{A} \tag{4}$$

正压、负压分别按式(1)～式(4)进行计算。

(2)分级指标值的确定。为了保证分级指标值的准确度，采用由 100 Pa 检测压力差下的测定值 $\pm q'_1$ 值或 $\pm q'_2$ 值，按式(5)或式(6)换算为 10 Pa 检测压力差卜的相应值 $\pm q_1$[$m^3/(m \cdot h)$]值，或 $\pm q_2$[$m^3/(m^2 \cdot h)$]值。

$$\pm q_1 = \pm q_1'/4.65 \tag{5}$$

$$\pm q_2 = \pm q_2'/4.65 \tag{6}$$

式中 q_1'——100 Pa 作用压力差下单位缝长空气渗透量值[$m^3/(m \cdot h)$]；

q_1——10 Pa 作用压力差下单位缝长空气渗透量值[$m^3/(m \cdot h)$]；

q_2'——100 Pa 作用压力差下单位面积空气渗透量值[$m^3/(m^2 \cdot h)$]；

q_2——10 Pa 作用压力差下单位面积空气渗透量值[$m^3/(m^2 \cdot h)$]。

将三樘试件的 $\pm q_1$ 值或 $\pm q_2$ 值分别平均后对照表 12-1 确定按照缝长和按面积各自所属

等级。最后取两者中的不利级别为该组试件所属等级。正、负压测值分别定级。

表 12-1　建筑外门窗气密性能分级表

分级	1	2	3	4	5	6	7	8
单位缝长分级指标值 $q_1[m^3\cdot(m\cdot h)^{-1}]$	$4.0\geqslant q_1>3.5$	$3.5\geqslant q_1>3.0$	$3.0\geqslant q_1>2.5$	$2.5\geqslant q_1>2.0$	$2.0\geqslant q_1>1.5$	$1.5\geqslant q_1>1.0$	$1.0\geqslant q_1>0.5$	$q_1\leqslant 0.5$
单位面积分级指标值 $q_2/[m^3\cdot(m^2\cdot h)^{-1}]$	$12\geqslant q_2>10.5$	$10.5\geqslant q_2>9.0$	$9.0\geqslant q_2>7.5$	$7.5\geqslant q_2>6.0$	$6.0\geqslant q_2>4.5$	$4.5\geqslant q_2>3.0$	$3.0\geqslant q_2>1.5$	$q_2\leqslant 1.5$

任务三　水密性能检测

1. 试验步骤

(1)进入试验界面：选择“水密性能检测”进入试验主界面。

(2)正向预备加压：单击“正向预备加压”按钮，提示正在进行正向预备加压。正向预备加压结束后提示正向预备加压结束，便可进行下一步。

(3)淋水：将控制面板上的水泵转换旋钮转到右侧启动水泵，单击“淋水”按钮弹出窗体开始进行淋水试验。调节水流量计开关，使水流量达到标准要求。

待时间到后提示淋水结束，便可进行下一步。

(4)雨水加压检测：单击“雨水加压检测”按钮，开始进行雨水加压检测，试验员根据每级被测试件的渗漏情况选择相应渗透编号，试验结束后单击“测试结束”按钮。在水密性能检测结束后，将水泵转换旋钮转至中间位置关闭水泵。

2. 分级指标的确定

记录每个试件的严重渗漏压力差值。以严重渗漏压力差值的前一级检测压力差值作为该试件水密性能检测值。如果工程水密性能指标值在对应的压力差值作用下未发生渗漏，则此值作为该试件的检测值。

三试件水密性能检测值综合方法为：一般取三个检测值的算数平均值。如果三个检测值中最高值和中间值相差两个检测压力等级以上时，将该最高值降至比中间值高两个检测压力等级后，再进行算数平均。如果三个检测值中较小的两值相等时，其中任意一值可视为中间值。

任务四　抗风压性能检测

1. 试验步骤

(1)进入试验界面：选择“抗风压性能检测”进入试验主界面。

(2)正向预备加压：单击“正向预备加压”按钮，提示正在进行正向预备加压。正向预备加压结束后提示正向预备加压结束，便可进行下一步。

(3)正向变形检测：单击“正向变形”检测按钮，提示正在进行正向变形检测，正向变形检测结束后提示正向变形检测结束便可进行下一步。

(4)负向预备加压：单击“负向预备加压”按钮，提示正在进行负向预备加压。负向预备加压结束后提示负向预备加压结束便可进行下一步。

(5)负向变形检测：单击“负向变形检测”按钮，提示正在进行负向变形检测。负向变形检测结束后提示负向变形检测结束，便可进行下一步。

(6)正向反复受压：单击“正向反复加压”按钮，提示正在进行正向反复受压。正向反复受压结束后提示正向反复受压结束，将试件可开启部分开启 5 次，便可进行下一步。

(7)正向安全检测：单击“正向安全检测”按钮，提示正在进行正向安全检测。正向安全检测结束后提示正向安全检测结束，便可进行下一步。

(8)负向安全检测：单击“负向安全检测”按钮，提示正在进行负向安全检测。负向安全检测结束后提示负向安全检测结束。

(9)抗风压性能检测：单击“风机停止”按钮，关闭风机。

2. 试验结果的评定

(1)变形检测的评定。以试件杆件或面板达到变形检测最大面法线挠度时对应的压力差值为$\pm P_1$；对于单扇单锁点平开窗(门)，以角位移值为 10 mm 时对应的压力差值为$\pm P_1$。

(2)反复加压检测的评定。如果经检测，试件未出现功能障碍和损坏，注明$\pm P_2$值或$\pm P_2'$值。如果经检测试件出现工程障碍或损坏，记录出现的功能障碍、损坏情况及其发生部位，并以试件出现功能障碍或损坏时压力差值的前一级压力差分级指标值定级；工程检测时，如果出现功能障碍或损坏时的压力差值低于或等于工程设计值时，该外窗(门)判为不满足工程设计要求。

(3)定级检测的评定。试件经检测为出现功能障碍或损坏时，注明$\pm P_3$，按$\pm P_3$中绝对值较小者定级。如果经检测，试件出现功能障碍或损坏，记录出现功能障碍或损坏时的情况及其发生的部位，并以试件出现功能障碍或损坏对应的压力差值的前一级分级指标值进行定级。

(4)工程检测的评定。试件未出现功能障碍或损坏时，注明$\pm P_3$，并与工程的风荷载标准值W_K相比较，大于或等于W_K时可判定为满足工程设计要求，否则判为不满足工程设计要求。

(5)三试件综合评定定级检测时，以三试件定级值的最小值为该组试件的定级值。工程检测时，三试件必须全部满足工程设计要求。

任务五　试验报告与处理

一、门窗三性检测试验检验报告

门窗三性检测试验检验报告见表 12-2。

表 12-2　门窗三性检测试验检验报告

委托单位：　　　　工程部件：　　　　检验编号：

使用设备：　　　　工程名称：　　　　样品状态：

试件名称：	生产厂家：		
委托日期：	报告日期：		
规格/(mm×mm)：	型号：		
送样数量：	代表批量：		
检验类别：	玻璃种类：		
厚度/mm：	镶嵌方法：		
气温/℃：	气压/kPa：		
有无密封条及其材质、界面特征、安装方法	填充材料及其材质：		
检验项目：	水密性性能	气密性性能	抗风压性能
检测依据：	GB/T 7106—2008	GB/T 7106—2008	GB/T 7106—2008

抗风压性能

试件编号	变形检测	反复受荷检测		定级检测		分级指标	试件所属等级
	L/300/mm	P_1/Pa	P_2/Pa	功能障碍	P_3/Pa	功能障碍	Δp/kPa	
1								
2								
3								

水密性能

试件编号	渗漏压力差/Pa	加压方式	分级指标/Pa	试件所属等级
1	300	稳定加压		
2	300			
3	300			

气密性能

正压单位缝长空气渗透量/[m³·(m·h)⁻¹]	3.9	正压单位面积空气渗透量/[m³·(m²·h)⁻¹]	11.2	正压所属等级	1	1
负压单位缝长空气渗透量/[m³·(m·h)⁻¹]	3.8	负压单位面积空气渗透量/[m³·(m²·h)⁻¹]	10.9	负压所属等级	1	

检验结论			
见证单位		见证人	

试验单位　　　　批准　　　　审核　　　　试(检)验人

二、思考题

(1)简述门窗气密性检测的试验过程。

(2)简述门窗水密性检测的试验过程。

(3)简述门窗抗风压性能检测试验过程。

项目十三

建筑装饰材料市场调查

任务一　调查任务的实施

1. 实训目的

(1)直观地接触各类装饰材料，将理论知识与实际相结合，具备合理使用各种建筑装饰材料的能力。

(2)通过现场拍摄照片和认知实践，提高动手能力和对问题的思考能力。

(3)培养学习兴趣和提升职业能力，为后续学习和工作起到良好的辅助作用。

2. 实训主要工具

市场调查任务书、纸、笔、相机等。

3. 实训任务

通过现场各类装饰材料的认知和调查，结合所学的理论知识，以学生自己为主体，通过直观和感观认识、照片的拍摄、对市场专业人员的咨询，快速有效地掌握各类常用建筑装饰材料性质、特点及应用。重点调查常用的内(外)墙面、地面、顶棚和室内空间所用到的装饰材料，并形成认知报告和常用建筑装饰材料的图片及其规格、性能和用途的说明。最后成果由指导老师评价。

4. 实训步骤

(1)实训准备工作：

1)出发前安全教育(出行方式、交流沟通技巧、注意事项等)。

2)组织分工(以小组为单位，6 人一组，相互协作)。

3)备齐实训所需各项工具(纸、笔、相机、任务书等)。

(2)实训实施步骤：

1)进入建材市场后，以小组为单位分别调查市场内常见建筑装饰材料的名称、规格、性能、用途[重点关注常用的内(外)墙面、地面、顶棚和室内空间所用到的装饰材料]。

2)对实训过程中所接触到的主要材料现场拍摄成照片。

3)对存在的问题进行小组讨论或咨询市场内专业人员、指导老师。记录整理形成笔记。

4)最后，参观返校后及时完成参观总结并打印照片，照片上附对应材料名称、性质及对使用范围进行说明；并针对存在的问题提出解决问题的方法，对该项教学内容提出有效的建议，从而进一步推动后续学习，激发学习积极性。

5)填写并提交建筑装饰材料市场调查实训报告附(表 13-1)(调查报告每人一份，图片及说明每组一份。每份报告不少于 1 000 字，现场拍摄照片不少于 15 种建筑装饰材料并附不少于 50 字的文字说明，照片要求清晰、具有代表性，禁用手机拍摄)。

6)指导老师总结评价。

5. 注意事项

(1)服从指导老师安排，遵守纪律，不迟到，不早退。

(2)在参观实训期间，以小组为单位，听取教师指导，及时记录相关知识。

(3)在参观装饰材料过程中，遇见问题，先由组员间互相讨论，并积极提出问题，现场由专业人员和指导老师解答帮助。

(4)对教师提出的问题，积极思考，及时记录，通过查阅专业书籍、网上咨询，组员分析、讨论等途径提出解决的方法。

任务二　实训报告

建筑装饰材料市场调查实训报告见表 13-1。

表 13-1　建筑装饰材料市场调查实训报告

<table>
<tr><td>调查时间</td><td></td><td>调查地点</td><td></td><td>调查对象</td><td></td></tr>
<tr><td>指导教师</td><td></td><td>班　级</td><td></td><td>姓　名</td><td></td></tr>
<tr><td>调查总结</td><td colspan="5"></td></tr>
<tr><td>指导教师
批阅</td><td colspan="5">签名：
日期：</td></tr>
</table>

附录 1

试验数据统计分析的一般方法

在建筑施工中，要对大量的原材料和半成品进行试验，取得大量的数据，对这些数据进行科学的分析，能更好地评价原材料或工程质量，提出改进工程质量、节约原材料的意见，现简要介绍常用的数理统计方法。

§1 平均值

1. 算术平均值

这是最常用的一种方法，用来了解一批数据的平均水平，度量这些数据的中间位置。即

$$\overline{X}=\frac{X_1+X_2+\cdots+X_n}{n}=\frac{\sum X}{n}$$

式中 $\overline{X}$——算术平均值；

X_1，X_2，…，X_n——各个试验数据值；

$\sum X$——各试验数据的总和；

n——试验数据个数。

2. 均方根平均值

均方根平均值对数据大小跳动的反映较为灵敏，其计算公式如下：

$$S=\sqrt{\frac{X_1^2+X_2^2+\cdots+X^2}{n}}=\sqrt{\frac{\sum X_n^2}{n}}$$

式中 S——各试验数据的均方根平均值；

X_1，X_2，…，X_n——各个试验数据值；

$\sum X^2$——各试验数据平方的总和；

n——试验数据个数。

3. 加权平均值

加权平均值是各个试验数据和它的对应数的算术平均值。计算水泥平均强度采用加权平均值。其计算公式如下：

$$m=\frac{X_1g_1+X_2g_2+\cdots+X_ng_n}{g_1+g_2+\cdots+g_n}=\frac{\sum X_g}{\sum g}$$

式中　X——加权平均值；

X_1，X_2，…，X_n——各试验数据值；

$\sum X_g$——各试验数据值和它的对应数乘积的总和；

$\sum g$——各对应数的总和。

§2　误差计算

1. 范围误差

范围误差也称极差，是试验值中最大值和最小值之差。

例如，3 块砂浆试件抗压强度分别为 5.21 MPa、5.63 MPa、5.72 MPa，则这组试件的极差或范围误差为：5.72－5.21＝0.51(MPa)。

2. 算术平均误差

算术平均误差的计算公式为

$$\delta=\frac{|X_1-\overline{X}|+|X_2-\overline{X}|+|X_3-\overline{X}|+\cdots+|X_n-\overline{X}|}{n}=\frac{\sum|X-\overline{X}|}{n}$$

式中　δ——算术平均误差；

X_1，X_2，…，X_n——各试验数据值；

$\overline{X}$——试验数据值的算术平均值；

n——试验数据个数；

$|\,|$——绝对值。

例：3 块砂浆试块的抗压强度为 5.21 MPa、5.63 MPa、5.72 MPa，求算术平均误差。

解：这组试件的平均抗压强度为 5.52 MPa，其算术平均误差为

$$\delta=\frac{|5.21-5.52|+|5.63-5.52|+|5.72-5.52|}{3}=0.21\text{ MPa}$$

3. 均方根误差(标准离差、均方差)

只知试件的平均水平是不够的，要了解数据的波动情况及其带来的危险性，标准离差(均方差)是衡量波动性(离散性大小)的指标。标准离差的计算公式为

$$S=\sqrt{\frac{(X_1-\overline{X})^2+(X_2-\overline{X})^2+\cdots+(X_n-\overline{X})^2}{n-1}}=\sqrt{\frac{\sum(X-\overline{X})^2}{n-1}}$$

式中　S——标准离差(均方差)；

X_1，X_2，…，X_n——各试验数据值；

$\overline{X}$——试验数据值的算术平均值；

n——试验数据个数。

例：某厂某月生产 10 个编号的 32.5 级矿渣水泥，28 d 抗压强度为 37.3 MPa、35.0 MPa、38.4 MPa、35.8 MPa、36.7 MPa、37.4 MPa、38.1 MPa、37.8 MPa、36.2 MPa、34.8 MPa，求标准离差。

解：10 个编号水泥的算术平均强度

$$\overline{X}=\frac{\sum X}{n}=\frac{367.5}{10}=36.8\,(\text{MPa})$$

	X_1	X_2	X_3	X_4	X_5	X_6	X_7	X_8	X_9	X_{10}
	37.3	35.0	38.4	35.8	36.7	37.4	38.1	37.8	36.2	34.8
$X-\overline{X}$	0.5	1.8	1.6	−1.0	−0.1	0.6	1.3	1.0	−0.6	−2.0
$(X-\overline{X})^2$	0.25	3.24	2.56	1.0	0.01	0.36	1.69	1.0	0.36	4.0

$\sum(X-\overline{X})^2=14.47$

§3　数值修约规则

试验数据和计算结果都有一定的精度要求，对精度范围以外的数据，应按《数值修约规则与极限数值的表示和判定》(GB/T 8170—2008)进行修约。简单概括为：“四舍六入五考虑，五后非零应进一，五后皆零视奇偶，五前为偶应舍去，五前为奇则进一”。

(1)在拟舍弃的数字中，保留数后边(右边)第一个数小于5(不包括5)时，则舍去。保留数的末位数字不变。

例如：将14.243 2修约后为14.2。

(2)在拟舍弃的数字中保留数后边(右边)第一个数字大于5(不包括5)时，则进一。保留数的末位数字加一。

例如：将26.484 3修约到保留一位小数。

修约前：26.484 3，修约后：26.5。

(3)在拟舍弃数字中保留数后边(右边)第一个数字等于5，5后边的数字并非全部为零时，则进一。即保留数末位数字加一。

例如：将1.050 1修约到保留小数一位。

修约前：1.050 1，修约后：1.1

(4)在拟舍弃的数字中，保留数后边(右边)第一个数字等于5，5后边的数字全部为零时，保留数的末位数字为奇数时则进一，若保留数的末位数字为偶数(包括“0”)则不进。

例如：将下列数字修约到保留一位小数。

修约前：0.350 0，修约后：0.4

修约前：0.450 0，修约后：0.4

修约前：1.050 0，修约后：1.0

(5)所拟舍弃的数字，若为两位以上数字，不得连续进行多次(包括二次)修约。应根据保留数后边(右边)第一个数字的大小，按上述规定一次修约出结果。

例如：将15.454 6修约成整数。

正确的修约是：修约前15.454 6，修约后15。

不正确的修约是：

修约前	一次修约	二次修约	三次修约	四次修约(结果)
15.454 6	15.455	15.46	15.5	16

§4　可疑数据的取舍

在一组条件完全相同的重复试验中，当发现有某个过大或过小的可疑数据时，按数理统计方法给予鉴别并决定取舍。最常用的方法是“三倍标准离差法”。其准则是$|X_1-\overline{X}|>3\sigma$。另外还有规定$|X_1-\overline{X}|>2\sigma$时则保留，但需存疑，如发现试件制作、养护、试验过程中有可疑的变异时，该试件强度值应予舍弃。

附录2

部分建筑材料标准

§1 水泥的命名原则和术语 GB/T 4131—2014

本标准规定水泥命名的原则。制订和修订水泥标准时，应按本标准规定的原则，对水泥进行命名。

1 用于命名的水泥分类及主要特性

1.1 为了便于水泥命名，水泥按其用途及性能分为三类：

1.1.1 通用水泥 用于一般土木建筑工程的水泥。

1.1.2 特种水泥 具有特殊性能和用途的水泥。

1.2 水泥按其主要水硬性物质名称分为：

1.2.1 硅酸盐水泥即国外通称的波特兰水泥。

1.2.2 铝酸盐水泥。

1.2.3 硫铝酸盐水泥。

1.2.4 铁铝酸盐水泥

1.2.5 氟铝酸盐水泥。

2 水泥命名的一般原则

2.1 水泥的命名按不同类别分别以水泥的主要水硬性矿物、混合材料、用途和主要特性进行，并力求简明准确，当名称过长时，允许有简称。

2.2 通用水泥以水泥的硅酸盐矿物名称命名，并冠以混合材料名称或其他适当名称命名。如普通硅酸盐水泥、矿渣硅酸盐水泥等。

2.3 特性水泥以水泥的主要矿物名称、特性或者用途命名，并可冠以不同型号或混合材料名称。如铝酸盐水泥、硫铝酸盐水泥、快硬硅酸盐水泥、低热矿渣硅酸盐水泥、G级油井水泥等。

3 水泥命名的有关术语

3.1 硅酸盐水泥 适当成分的生料，烧至部分熔融，所得以硅酸钙为主要成分的硅酸盐水泥熟料，加入适量的石膏磨细制成的水硬性胶凝材料，称为硅酸盐水泥。

3.2　铝酸盐水泥　适当成分的生料，烧至完全或部分熔融，所得以铝酸钙为主要成分的铝酸盐水泥熟料，磨细制成的水硬性胶凝材料，称为铝酸盐水泥。

3.3　硫铝酸盐水泥　适当成分的生料，经煅烧所得以无水硫铝酸钙和硅酸二钙为主要成分的硫铝酸盐水泥熟料，加入适量石膏磨细制成的水硬性胶凝材料，称为硫铝酸盐水泥。

3.4　氟铝酸盐水泥　适当成分的生料，经煅烧所得以氟铝酸钙和硅酸钙为主要成分的氟铝酸盐水泥熟料，加入适量外加物磨细制成的水硬性胶凝材料称为氟铝酸盐水泥。

3.5　矿渣即粒化高炉矿渣　高炉冶炼生铁时，所得以硅酸钙与铝硅酸盐为主要成分的熔融物，经淬冷成粒后的产品，称为粒化高炉矿渣。

3.6　粉煤灰　从煤粉炉烟道气体中收集的粉末，称为粉煤灰。

3.7　火山灰质混合材料：天然的或人工的以氧化硅、氧化铝为主要成分的矿物质材料，本身磨细加水拌和后不硬化，但与气硬性石灰混合后，再加水拌和，则不但能在空气中硬化，而且能在水中继续硬化者，称为火山灰质混合材料。

3.8　快硬　以 3 d 抗压强度表示水泥强度等级。

3.9　特快硬　以若干小时(不大于 24 h)抗压强度表示水泥强度等级。

3.10　中热　水泥水化热 3 d 不大于 251 kJ/kg，7 d 不大于 293 kJ/kg。

3.11　低热　水泥水化热 3 d 不大于 197 kJ/kg，7 d 不大于 230 kJ/kg。

3.12　中抗硫酸盐　要求硅酸盐水泥熟料中铝酸三钙含量不大于 5.0%，硅酸三钙含量不大于 55%。

3.13　高抗硫酸盐　要求硅酸盐水泥热料中铝酸三钙含量不大于 3.0%，硅酸三钙含量不大于 50%。

3.14　膨胀　表示水泥水化硬化过程中体积膨胀的实用上具有补偿收缩的性能。

3.15　自应力　表示水泥水化硬化后体积膨胀能使砂浆或混凝土在受约束条件下产生可资应用的化学预应力的性能。自应力水泥砂浆或混凝土膨胀变形稳定后的自应力值不小于 2.0 MPa。

§2　通用硅酸盐水泥
GB 175—2007

1. 范围

本标准规定了通用硅酸盐水泥的定义与分类、组分与材料、强度等级、技术要求、试验方法、检验规则和包装、标志、运输与贮存等。

本标准适用于通用硅酸盐水泥。

2. 规范性引用文件

下列文件中的条款通过本标准的引用而成为本标准的条款。凡是注日期的引用文件，其随后所有的修改单(不包括勘误的内容)或修订版均不适用于本标准，然而，鼓励根据本标准达成协议的各方研究是否可使用这些文件的最新版本。凡是不注日期的引用文件，其最新版本适用于本标准。

GB/T 176　水泥化学分析方法(GB/T 176—1996，eqv ISO 680：1990)

GB/T 203　用于水泥中的粒化高炉矿渣

GB/T 750　水泥压蒸安定性试验方法

GB/T 1345　水泥细度检验方法　筛析法

GB/T 1346　水泥标准稠度用水量、凝结时间、安定性检验方法(GB/T 1346—2001，eqv ISO 9597：1989)

GB/T 1596　用于水泥和混凝土中的粉煤灰

GB/T 2419　水泥胶砂流动度测定方法

GB/T 2847　用于水泥中的火山灰质混合材料

GB/T 5483　石膏和硬石膏

GB/T 8074　水泥比表面积测定方法　勃氏法

GB 9774　水泥包装袋

GB 12573　水泥取样方法

GB/T 12960　水泥组分的定量测定

GB/T 17671　水泥胶砂强度检验方法(ISO 法)(GB/T 17671—1999，idt ISO 679：1989)

GB/T 18046　用于水泥和混凝土中的粒化高炉矿渣粉

JC/T 420　水泥原料中氯离子的化学分析方法

JC/T 667　水泥助磨剂

JC/T 742　掺入水泥中的回转窑窑灰

3. 术语和定义

下列术语和定义适用于本标准。

通用硅酸盐水泥 Common Portland Cement

以硅酸盐水泥熟料和适量的石膏，及规定的混合材料制成的水硬性胶凝材料。

4. 分类

本标准规定的通用硅酸盐水泥按混合材料的品种和掺量分为硅酸盐水泥、普通硅酸盐水泥、矿渣硅酸盐水泥、火山灰质硅酸盐水泥、粉煤灰硅酸盐水泥和复合硅酸盐水泥。各品种的组分和代号应符合 5.1 的规定。

5. 组分与材料

5.1　组分

通用硅酸盐水泥的组分应符合表 1 的规定。

表 1　通用硅酸盐水泥的组分　　%

品种	代号	组　分(质量分数)				
		熟料+石膏	粒化高炉矿渣	火山灰质混合材料	粉煤灰	石灰石
硅酸盐水泥	P·I	100	—	—	—	—
	P·Ⅱ	≥95	≤5	—	—	—
		≥95	—	—	—	≤5
普通硅酸盐水泥	P·O	≥80 且<95	>5 且≤20[a]			—
矿渣硅酸盐水泥	P·S·A	≥50 且<80	>20 且≤50[b]	—	—	—
	P·S·B	≥30 且<50	>50 且≤70[b]	—	—	—

续表

品种	代号	组　分(质量分数)				
		熟料＋石膏	粒化高炉矿渣	火山灰质混合材料	粉煤灰	石灰石
火山灰质硅酸盐水泥	P·P	≥60 且<80	—	>20 且≤40[c]	—	—
粉煤灰硅酸盐水泥	P·F	≥60 且<80	—	—	>20 且≤40[d]	—
复合硅酸盐水泥	P·C	≥50 且<80	>20 且≤50[e]			

a 本组分材料为符合本标准 5.2.3 的活性混合材料，其中允许用不超过水泥质量 8%且符合本标准 5.2.4 的非活性混合材料或不超过水泥质量 5%且符合本标准 5.2.5 的窑灰代替。

b 本组分材料为符合 GB/T 203 或 GB/T 18046 的活性混合材料，其中允许用不超过水泥质量 8%且符合本标准第 5.2.3 条的活性混合材料或符合本标准第 5.2.4 条的非活性混合材料或符合本标准第 5.2.5 条的窑灰中的任一种材料代替。

c 本组分材料为符合 GB/T 2847 的活性混合材料。

d 本组分材料为符合 GB/T 1596 的活性混合材料。

e 本组分材料为由两种(含)以上符合本标准第 5.2.3 条的活性混合材料或/和符合本标准第 5.2.4 条的非活性混合材料组成，其中允许用不超过水泥质量 8%且符合本标准第 5.2.5 条的窑灰代替。掺矿渣时混合材料掺量不得与矿渣硅酸盐水泥重复。

5.2　材料

5.2.1　硅酸盐水泥熟料

由主要含 CaO、SiO_2、Al_2O_3、Fe_2O_3 的原料，按适当比例磨成细粉烧至部分熔融所得以硅酸钙为主要矿物成分的水硬性胶凝物质。其中硅酸钙矿物含量(质量分数)不小于 66%，氧化钙和氧化硅质量比不小于 2.0。

5.2.2　石膏

5.2.1.1　天然石膏：应符合 GB/T 5483 中规定的 G 类或 M 类二级(含)以上的石膏或混合石膏。

5.2.1.2　工业副产石膏：以硫酸钙为主要成分的工业副产物。采用前应经过试验证明对水泥性能无害。

5.2.3　活性混合材料

符合 GB/T 203、GB/T 18046、GB/T 1596、GB/T 2847 标准要求的粒化高炉矿渣、粒化高炉矿渣粉、粉煤灰、火山灰质混合材料。

5.2.4　非活性混合材料

活性指标分别低于 GB/T 203、GB/T 18046、GB/T 1596、GB/T 2847 标准要求的粒化高炉矿渣、粒化高炉矿渣粉、粉煤灰、火山灰质混合材料；石灰石和砂岩，其中石灰石中的三氧化二铝含量(质量分数)应不大于 2.5%。

5.2.5　窑灰

符合 JC/T 742 的规定。

5.2.6　助磨剂

水泥粉磨时允许加入助磨剂，其加入量应不大于水泥质量的 0.5%。

6. 强度等级

6.1　硅酸盐水泥的强度等级分为 42.5、42.5R、52.5、52.5R、62.5、62.5R 六个等级。

6.2　普通硅酸盐水泥的强度等级分为 42.5、42.5R、52.5、52.5R 四个等级。

6.3　矿渣硅酸盐水泥、火山灰质硅酸盐水泥、粉煤灰硅酸盐水泥、复合硅酸盐水泥的强度等级分为 32.5、32.5R、42.5、42.5R、52.5、52.5R 六个等级。

7. 技术要求

7.1　化学指标

通用硅酸盐水泥化学指标应符合表 2 的规定。

表 2　通用硅酸盐水泥化学指标　　%

<table>
<tr><th>品种</th><th>代号</th><th>不溶物
（质量分数）</th><th>烧失量
（质量分数）</th><th>三氧化硫
（质量分数）</th><th>氧化镁
（质量分数）</th><th>氯离子
（质量分数）</th></tr>
<tr><td rowspan="2">硅酸盐水泥</td><td>P·Ⅰ</td><td>≤0.75</td><td>≤3.0</td><td rowspan="3">≤3.5</td><td rowspan="3">≤5.0[a]</td><td rowspan="8">≤0.06[c]</td></tr>
<tr><td>P·Ⅱ</td><td>≤1.50</td><td>≤3.5</td></tr>
<tr><td>普通硅酸盐水泥</td><td>P·O</td><td>—</td><td>≤5.0</td></tr>
<tr><td rowspan="2">矿渣硅酸盐水泥</td><td>P·S·A</td><td>—</td><td>—</td><td rowspan="2">≤4.0</td><td>≤6.0[b]</td></tr>
<tr><td>P·S·B</td><td>—</td><td>—</td><td>—</td></tr>
<tr><td>火山灰质硅酸盐水泥</td><td>P·P</td><td>—</td><td>—</td><td rowspan="3">≤3.5</td><td rowspan="3">≤6.0[b]</td></tr>
<tr><td>粉煤灰硅酸盐水泥</td><td>P·F</td><td>—</td><td>—</td></tr>
<tr><td>复合硅酸盐水泥</td><td>P·C</td><td>—</td><td>—</td></tr>
<tr><td colspan="7">a 如果水泥压蒸试验合格，则水泥中氧化镁的含量（质量分数）允许放宽至 6.0%。
b 如果水泥中氧化镁的含量（质量分数）大于 6.0%时，需进行水泥压蒸安定性试验并合格。
c 当有更低要求时，该指标由买卖双方确定。</td></tr>
</table>

7.2　碱含量（选择性指标）

水泥中碱含量按 $Na_2O+0.658K_2O$ 计算值表示。若使用活性集料且用户要求提供低碱水泥时，水泥中的碱含量应不大于 0.60%或由买卖双方协商确定。

7.3　物理指标

7.3.1　凝结时间

硅酸盐水泥初凝不小于 45 min，终凝不大于 390 min；

普通硅酸盐水泥、矿渣硅酸盐水泥、火山灰质硅酸盐水泥、粉煤灰硅酸盐水泥和复合硅酸盐水泥初凝不小于 45 min，终凝不大于 600 min。

7.3.2　安定性

沸煮法合格。

7.3.3　强度

不同品种、不同强度等级的通用硅酸盐水泥，其不同各龄期的强度应符合表 3 的规定。

表 3　不同品种、不同强度等级的通用硅酸盐水泥不同各龄期的强度　MPa

品　种	强度等级	抗压强度		抗折强度	
		3 d	28 d	3 d	28 d
硅酸盐水泥	42.5	≥17.0	≥42.5	≥3.5	≥6.5
	42.5R	≥22.0		≥4.0	
	52.5	≥23.0	≥52.5	≥4.0	≥7.0
	52.5R	≥27.0		≥5.0	
	62.5	≥28.0	≥62.5	≥5.0	≥8.0
	62.5R	≥32.0		≥5.5	
普通硅酸盐水泥	42.5	≥17.0	≥42.5	≥3.5	≥6.5
	42.5R	≥22.0		≥4.0	
	52.5	≥23.0	≥52.5	≥4.0	≥7.0
	52.5R	≥27.0		≥5.0	
矿渣硅酸盐水泥 火山灰质硅酸盐水泥 粉煤灰硅酸盐水泥 复合硅酸盐水泥	32.5	≥10.0	≥32.5	≥2.5	≥5.5
	32.5R	≥15.0		≥3.5	
	42.5	≥15.0	≥42.5	≥3.5	≥6.5
	42.5R	≥19.0		≥4.0	
	52.5	≥21.0	≥52.5	≥4.0	≥7.0
	52.5R	≥23.0		≥4.5	

7.3.4　细度(选择性指标)

硅酸盐水泥和普通硅酸盐水泥以比表面积表示，其比表面积不小于 300 m^2/kg；矿渣硅酸盐水泥、火山灰质硅酸盐水泥、粉煤灰硅酸盐水泥和复合硅酸盐水泥以筛余表示，其 80 μm方孔筛筛余不大于 10%或 45 μm 方孔筛筛余不大于 30%。

8. 试验方法

8.1　组分

由生产者按 GB/T 12960 或选择准确度更高的方法进行。在正常生产情况下，生产者应至少每月对水泥组分进行校核，年平均值应符合 5.1 的规定，单次检验值应不超过本标准规定最大限量的 2%。

为保证组分测定结果的准确性，生产者应采用适当的生产程序和适宜的方法对所选方法的可靠性进行验证，并将经验证的方法形成文件。

8.2　不溶物、烧失量、氧化镁、三氧化硫和碱含量

按 GB/T 176 进行试验。

8.3　压蒸安定性

按 GB/T 750 进行试验。

8.4　氯离子

按 JC/T 420 进行试验。

8.5　标准稠度用水量、凝结时间和安定性

按 GB/T 1346 进行试验。

8.6　强度

按 GB/T1 7671 进行试验。但火山灰质硅酸盐水泥、粉煤灰硅酸盐水泥、复合硅酸盐水泥和掺火山灰质混合材料的普通硅酸盐水泥在进行胶砂强度检验时，其用水量按 0.50 水胶比和胶砂流动度不小于 180 mm 来确定。当流动度小于 180 mm 时，应以 0.01 的整倍数递增的方法将水胶比调整至胶砂流动度不小于 180 mm。

胶砂流动度试验按 GB/T 2419 进行，其中胶砂制备按 GB/T 17671 进行。

8.7　比表面积

按 GB/T 8074 进行试验。

8.8　80 μm 和 45 μm 筛余

按 GB/T 1345 进行试验。

9. 检验规则

9.1　编号及取样水泥出厂前按同品种、同强度等级编号和取样。袋装水泥和散装水泥应分别进行编号和取样。每一编号为一取样单位。水泥出厂编号按年生产能力规定为：

200×10^4 t 以上，不超过 4 000 t 为一编号；

120×10^4 t～200×10^4 t，不超过 2 400 t 为一编号；

60×10^4 t～120×10^4 t，不超过 1 000 t 为一编号；

30×10^4 t～60×10^4 t，不超过 600 t 为一编号；

10×10^4 t～30×10^4 t，不超过 400 t 为一编号；

10×10^4 t 以下，不超过 200 t 为一编号。

取样方法按 GB 12573 进行。可连续取，也可从 20 个以上不同部位取等量样品，总量至少为 12 kg。当散装水泥运输工具的容量超过该厂规定出厂编号吨数时，允许该编号的数量超过取样规定吨数。

9.2　水泥出厂

经确认水泥各项技术指标及包装质量符合要求时方可出厂。

9.3　出厂检验

出厂检验项目为 7.1、7.3.1、7.3.2、7.3.3 条。

9.4　判定规则

9.4.1　检验结果符合 7.1、7.3.1、7.3.2、7.3.3 条的规定为合格品。

9.4.2　检验结果不符合 7.1、7.3.1、7.3.2、7.3.3 条中的任何一项技术要求为不合格品。

9.5　检验报告

检验报告内容应包括出厂检验项目、细度、混合材料品种和掺加量、石膏和助磨剂的品种及掺加量、属旋窑或立窑生产及合同约定的其他技术要求。当用户需要时，生产者应在水泥发出之日起 7 d 内寄发除 28 d 强度以外的各项检验结果，32 d 内补报 28 d 强度的检验结果。

9.6　交货与验收

9.6.1　交货时水泥的质量验收可抽取实物试样以其检验结果为依据，也可以生产者同编号水泥的检验报告为依据。采取何种方法验收由买卖双方商定，并在合同或协议中注明。卖方有告知买方验收方法的责任。当无书面合同或协议，或未在合同、协议中注明验收方法的，卖方应在发货票上注明"以本厂同编号水泥的检验报告为验收依据"字样。

9.6.2　以抽取实物试样的检验结果为验收依据时，买卖双方应在发货前或交货地共同取样和签封。取样方法按 GB 12573 进行，取样数量为 20 kg，缩分为二等份。一份由卖方保存 40 d，另一份由买方按本标准规定的项目和方法进行检验。

在 40 d 以内，买方检验认为产品质量不符合本标准要求，而卖方又有异议时，则双方应将卖方保存的另一份试样送省级或省级以上国家认可的水泥质量监督检验机构进行仲裁检验。水泥安定性仲裁检验时，应在取样之日起 10 d 以内完成。

9.6.3　以生产者同编号水泥的检验报告为验收依据时，在发货前或交货时买方在同编号水泥中取样，双方共同签封后由卖方保存 90 d，或认可卖方自行取样、签封并保存 90 d 的同编号水泥的封存样。

在 90 d 内，买方对水泥质量有疑问时，则买卖双方应将共同认可的试样送省级或省级以上国家认可的水泥质量监督检验机构进行仲裁检验。

10. 包装、标志、运输与贮存

10.1　包装

水泥可以散装或袋装，袋装水泥每袋净含量为 50 kg，且应不少于标志质量的 99%；随机抽取 20 袋总质量(含包装袋)应不少于 1 000 kg。其他包装形式由供需双方协商确定，但有关袋装质量要求，应符合上述规定。水泥包装袋应符合 GB 9774 的规定。

10.2　标志

水泥包装袋上应清楚标明：执行标准、水泥品种、代号、强度等级、生产者名称、生产许可证标志(QS)及编号、出厂编号、包装日期、净含量。包装袋两侧应根据水泥的品种采用不同的颜色印刷水泥名称和强度等级，硅酸盐水泥和普通硅酸盐水泥采用红色，矿渣硅酸盐水泥采用绿色；火山灰质硅酸盐水泥、粉煤灰硅酸盐水泥和复合硅酸盐水泥采用黑色或蓝色。

散装发运时应提交与袋装标志相同内容的卡片。

10.3　运输与贮存

水泥在运输与贮存时不得受潮和混入杂物，不同品种和强度等级的水泥在贮运中避免混杂。

§3　水泥标准稠度用水量、凝结时间、安定性检验方法 GB/T 1346—2011

1. 目的、适用范围和引用标准

本方法规定了水泥标准稠度用水量、凝结时间和由游离氧化钙造成的体积安定性的测试方法。

本方法适用于硅酸盐水泥、普通硅酸盐水泥、粉煤灰硅酸盐水泥、火山灰质硅酸盐水泥、复合硅酸盐水泥、道路硅酸盐水泥及指定采用本方法的其他品种水泥。

2. 仪器设备

(1)水泥净浆搅拌机：符合 JC/T 729 的要求。

(2)标准法维卡仪：如附图 1 所示，标准稠度测定用试杆[附图 1(c)]有效长度为 49～51 mm、由直径为 9.95～10.05 mm 的圆柱形耐腐蚀金属制成。测定凝结时间时取下试杆，用试针[附图 1(d)、附图 1(e)]代替试杆。试杆由钢制成，其有效长度初凝针为 49～51 mm、终凝针为 29～31 mm、直径为 1.08～1.18 mm 的圆柱体。滑动部分的总质量为 299～301 g，现试杆、试针连接的滑动杆表面应光滑，能靠重力自由下落，不得有紧涩和旷动现象。

盛装水泥净浆的试模[附图 1(a)]应由耐腐蚀的、有足够硬度的金属制成。试模深 40 mm±0.2 mm、顶内径为 65 mm±0.5 mm、底内径为 75 mm±0.5 mm 的截顶圆锥体，每只试模应配备一个大于试模、厚度大于等于 2.5 mm 的平板玻璃底板。

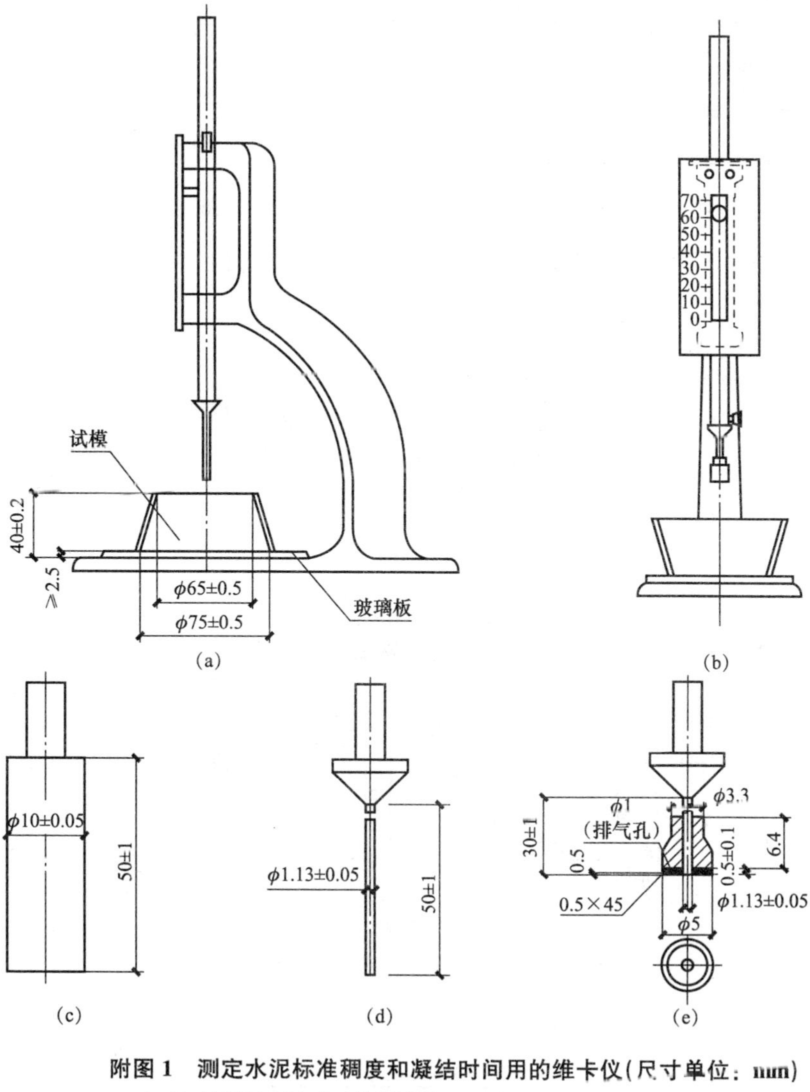

附图 1　测定水泥标准稠度和凝结时间用的维卡仪(尺寸单位：mm)

(a)初凝时间测定用立式试模侧视图；(b)终凝时间测定用反转试模前视图；

(c)标准稠度试杆；(c)初凝用试针；(e)终凝用试针

(3)代用法维卡仪：符合 JC/T 727 的要求。

(4)沸煮箱：有效容积约为 410 mm×240 mm×310 mm，篦箅板结构应不影响试验结果，篦板与加热器之间的距离大于 50 mm。箱的内层由不易锈蚀的金属材料制成，能在 30 min±5 min 内将箱内的试验用水由室温升至沸腾并可保持沸腾状态 3 h 以上，整个试验过程中不需补充水量。

(5)雷氏夹膨胀仪：由铜质材料制成，其结构如图附图 2。当一根指针的根部先悬挂在一根金属丝或尼龙丝上，另一根指针的根部再挂上 300 g 质量的砝码时，两根指针的针尖距离增加应在 17.5 mm±2.5 mm 范围以内。即 $2x=17.5\ \text{mm}\pm2.5\ \text{mm}$，当去掉砝码后针尖的距离能恢复至挂砝码前的状态。雷氏夹受力示意图如附图 3 所示。

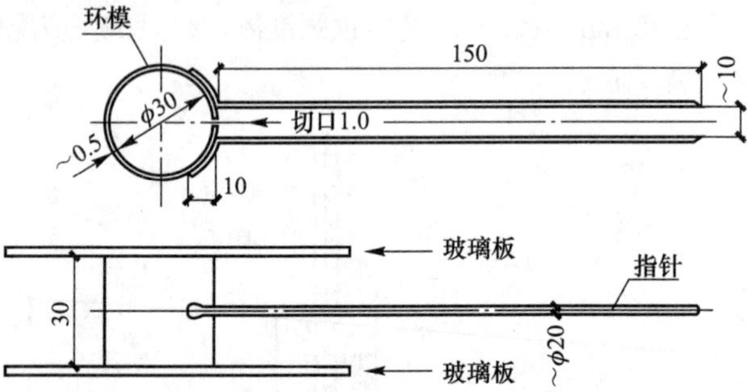

附图 2　雷氏夹示意图(尺寸单位：mm)

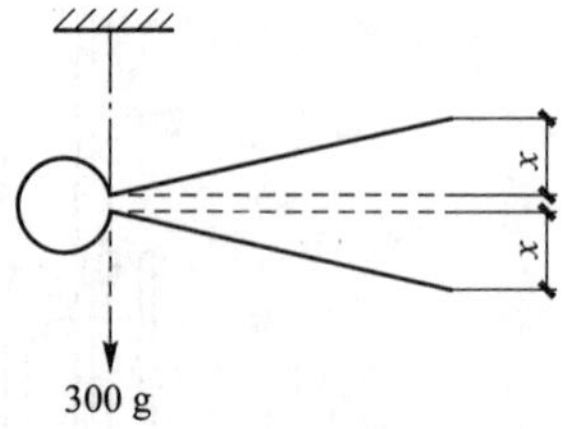

附图 3　雷氏夹受力示意图

(6)量水器：分度值为 0.1 mL，精度 1%。

(7)天平：量程不小于 1 000 g，感量不大于 1 g。

(8)湿气养护箱：应能使温度控制在 20 ℃±1 ℃，相对湿度大于 90%。

(9)雷氏夹膨胀值测定仪：如附图 4 所示，标尺最小刻度为 0.5 mm。

(10)秒表：分度值为 1 s。

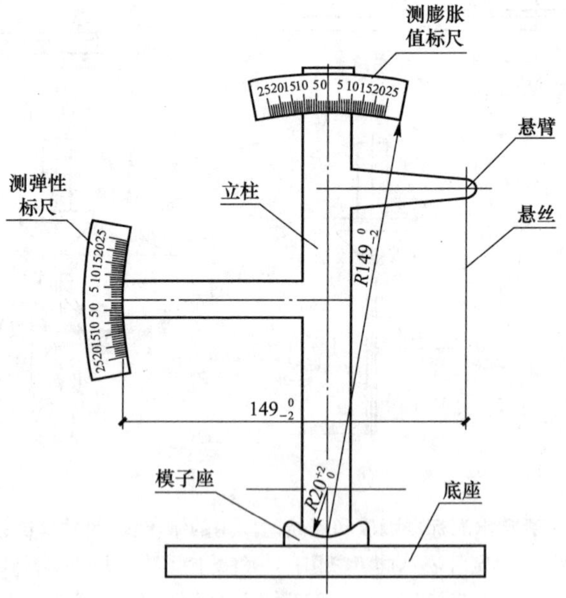

附图 4　雷氏膨胀值测量仪(尺寸单位：mm)

3. 试样及用水

3.1　水泥试样应充分拌匀，通过 0.9 mm 方孔筛并记录筛余物情况，但要防止过筛时混进其他水泥。

3.2　试验用水必须是洁净的淡水，如有争议时可用蒸馏水。

4. 试验室温度、相对湿度

4.1 试验室的温度为 20 ℃±2 ℃，相对湿度大于 50%。

4.2 水泥试样、拌合水、仪器和用具的温度应与试验室内温度一致。

5. 标准稠度用水量测定(标准法)

5.1 试验前必须做到

(1)维卡仪的金属棒能够自由滑动。

(2)调整至试杆接触玻璃板时指针对准零点。

(3)水泥净浆搅拌机运行正常。

5.2 水泥净浆拌制

用水泥净浆搅拌机搅拌，搅拌锅和搅拌叶先用湿布擦过，将拌和水倒入搅拌锅中，然后 5～10 s 内小心将称好的 500 g 水泥加入水中，防止水和水泥溅出；拌和时，先将锅放在搅拌机的锅座上，升至搅拌位置，启动搅拌机，低速搅拌 120 s，停 15 s，同时，将叶片的锅壁上的水泥浆刮入锅中间，接着高速搅拌 120 s 停机。

5.3 标准稠度用水量测定步骤

5.3.1 拌和结束后，立即将拌制好的水泥净浆装入已放在玻璃板上的试模中，用小刀插捣，轻轻振动数次，刮去多余的净浆。

5.3.2 抹平后迅速将试模和底板移到维卡仪上，并将其中心定在试杆下，降低试杆直到与水泥净浆表面接触，拧紧螺钉 1～2 s 后，突然放松，使试杆垂直自由地沉入水泥净浆中。在试杆停止沉入或释放试杆 30 s 时记录试杆到底板的距离，升起试杆后，立即擦净。

5.3.3 整个操作应在搅拌后 1.5 min 内完成。以试杆沉入净浆并距底板 6 mm±1 mm 的水泥净浆为标准稠度净浆。其拌和水量为该水泥的标准稠度用水量(P)，按水泥质量的百分比计。

5.3.4 当试杆距玻璃板小于 5 mm 时，应适当减水，重复水泥浆的拌制和上述过程；若距离大于 7 mm 时，则应适当加水，并重复水泥浆的拌制和上述过程。

6. 凝结时间测定

6.1 测定前准备工作：调整凝结时间测定仪的试针接触玻璃板，使指针对准零点。

6.2 试件的制备：以标准稠度用水量按 5.2 制成标准稠度净浆(记录水泥全部加入水中的时间作为凝结时间的起始时间)一次装满试模，振动次数刮平，立即放入湿气养护箱中。

6.3 初凝时间测定

6.3.1 记录水泥全部加入水中至初凝状态的时间作为初凝时间，用“min”计。

6.3.2 试件在湿气养护箱中养护至加水后 30 min 时进行第一次测定。测定时，从湿气养护箱中取试模放到试针下，降低试针与水泥净浆表面接触。拧紧螺钉 1～2 s 后，突然放松，使试杆垂直自由寺沉入水泥净浆中。观察试针停止沉入或释放试针 30 s 时指针的读数。

6.3.3 临近初凝时，每隔 5 min 测定一次。当试针沉至距底板 4 mm±1 mm 时，为水泥达到初凝状态。

6.3.4 达到初凝时应立即重复测一次，当两次结论相同时才能定为达到初凝状态。

6.4 终凝时间测定

6.4.1 由水泥全部加入中至终凝状态的时间为水泥的终凝时间，用“min”计。

6.4.2 为了准确观察试件沉入的状况，在终凝针上安装了一个环形附件[附图 1(e)]。在完成初凝时间测定后，立即将试模连同浆体以平移的方式从玻璃板下翻转 180°，直径大端向上、小端向下放在玻璃板上，再放入湿气养护箱中继续养护。

6.4.3　临近终凝时间时每隔 15 min 测定一次，当试针沉入试件 0.5 mm 时，即环形附件开始不能在试件上留下痕迹时，为水泥达到终凝状态。

6.4.4　达到终凝时应立即重复测一次，当两次结论相同时，才能定为达到终凝状态。

6.5　测定时应注意，在最初测定的操作时应轻轻扶持金属柱，使其徐徐下降，以防止试针撞弯，但结果以自由下落为准；在整个测试过程中试针沉入的位置至少要距试模内壁 10 mm。每次测定不能让试针落入在针孔，每次测试完毕须将试针擦净并将试模放回湿气养护箱内，整个测试过程要防止试模受振。

注：使用能得出与标准中规定方法结果的自动测试仪器时，不必翻转试件。

7. 标准稠度用水量测定(代用法)

7.1　标准稠度用水量的测定可用调整水量法和不变水量法两种方法中的任一种，如发生争议时，以调整水量法为准。采用水量法测定标准稠度用水量时，拌和水量应按经验确定加水量；采用不变水量法测定时，拌和水量为 142.5 mL，水量精确至 0.5 mL。

7.2　试验前须检查项目：仪器金属棒应能自由滑动；试锥降至锥模顶面位置时，指针应对准标尺零点；搅拌机运转应正常等。

7.3　水泥净浆拌制同 5.2。

7.4　标准稠度用水量测定

7.4.1　拌和结束后，立即将拌好的净浆装入锥模内，用小刀插捣，振动数次后，刮去多余净浆，抹平后迅速放到试锥下面固定位置上。将试锥降至净浆表面处，拧紧螺钉 1～2 s后，突然放松，让试锥垂直自由沉入净浆中，到试锥停止下沉或释放试锥 30 s 时记录试锥下沉深度。整个操作应在搅拌后 1.5 min 内完成。

7.4.2　用调整水量法测定时，以试锥下沉深度 28 mm±2 mm 时的净浆为标准稠度净浆。其拌和水量为该水泥的标准稠度用水量(P)，按水泥质量的百分比计。如下沉深度超出范围，须另称试样，调整水量，重新试验，直至达到 28 mm±2 mm 时为止。

7.4.3　用不变水量法测定时，根据测得的试锥下沉深度 S(mm)，按下式(或仪器上对应标尺)计算得到标准稠度用水量 P(%)：

$$P=33.4-0.185S$$

当试锥下沉深度小于 13 mm 时，应改用调整水量法测定。

8. 安定性测定(标准法)

8.1　测定前的准备工作

每个试样需要两个试件，每个雷氏夹需配备质量为 75～80 g 的玻璃板两块。凡与水泥净浆接触的玻璃板和雷氏夹表面都要稍稍涂上一层油。

8.2　雷氏夹试件的制备方法

将预先准备好的雷氏夹放在已稍擦油的玻璃板上，交立刻将已制好的标准稠度净浆装满雷氏夹。装浆时一只手轻轻扶持雷氏夹，另一只手用宽约为 10 mm 的小刀插捣数次然后抹平，盖上稍涂油的玻璃板，接着立刻将雷氏夹移至湿气养护箱内养护 24 h±2 h。

8.3　沸煮

8.3.1　调整好沸煮箱内的水位，使之在整个沸煮过程中都能没过试件，不需中途添补试验用水，用时保证在 30 min±5 min 内水能沸腾。

8.3.2　脱去玻璃板取下试件，先测量雷氏夹指针尖端间的距离 A，精确至 0.5 mm，接着将试件放入水中篦板上，指针朝上，试件之间互不交叉，然后在 30 min±5 min 内加热水至沸腾，并恒沸 180 min±5 min。

8.4　结果判别

沸煮结束后，立即放掉箱中的热水，打开箱盖，待箱体冷却至室温，取出试件进行判别。测量雷氏夹指针尖端间的距离 C，精确至 0.5 mm，当两个试件煮后增加距离($C-A$)的平均值不大于 5.0 mm 时，即认为该水泥安定性合格；当两个试件的($C-A$)值相差超过 4.0 mm 时，应用同一样品立即重做一次试验。再如此，则认为该水泥为安定性不合格。

9. 安定性测定(代表法)

9.1　测定前的准备工作

每个样品需准备 2 块约 100 mm×100 mm 的玻璃板。凡与水泥净浆接触的玻璃板都要稍稍涂上一层隔离剂。

9.2　试饼的成型方法

将制好的净浆取出一部分分成两等份，使之呈球形，放在预先准备好的玻璃板上，轻轻振动玻璃板并用湿布擦净的小刀由边缘向中央抹动，做成直径为 70～80 mm、中心厚约为 10 mm、边缘渐薄、表面光滑的试饼，接着将试饼放入湿气养护箱内养护 24 h±2 h。

9.3　沸煮

9.3.1　调整好沸煮箱内的水位，使之在整个沸煮过程中都能没过试件，不需中途添补试验用水，同时保证水在 30 min±5 min 内能沸腾。

9.3.2　脱去玻璃板取下试件，先检查试饼是否完整(如已开裂、翘曲，要检查原因，确定无外因时，该试饼已属不合格品，不必沸煮)，在试饼无缺陷的情况下将试饼放在沸煮箱的水中篦板上，然后在 30 min±5 min 内加热至水沸腾，并恒沸 180 min±5 min。

9.4　结果判别

沸煮结束后，即放掉箱中的热水，打上箱盖，待箱体冷却至室温，取出试件进行判别。目测试饼未发现裂缝，用钢直尺检查也没有弯曲(使钢直尺和试饼底部紧靠，以两者间不透光为不弯曲)的试饼为安定性合格；反之为不合格。当两个试饼判别结果有矛盾时，该水泥的安定性为不合格。

10　试验报告

试验报告应包括以下内容：

(1)要求检测的项目名称；

(2)试样编号；

(3)试验日期及时间；

(4)仪器设备的名称、型号及编号；

(5)环境温度和湿度；

(6)执行标准；

(7)使用检测方法；

(8)水泥试样的标准稠度用水量、凝结时间、安定性；

(9)要说明的其他内容。

条文说明

本方法参照 GB/T 1346—2001 修改，而 GB 1346—2001 又与 ISO 9597：1989 等效(eqv)。相对于原方法(GB 1346—1989)，在标准稠度方面新方法规定，采用试杆法为标准法，相应试锥法为代用法；在安定性方面，采用雷氏法为标准法，而试饼法为代用法，当有矛盾时，以标准法为准。

在新标准中，由于仪器设备的改变，所以初凝时间由“试针沉至距底板 2～3 mm，即为水泥达到初凝状态”修改为“试针沉至距底板 4 mm±1 mm，即为水泥达到初凝状态”。终凝时间的测定修订改用安装环形附件的专用试针，使得终凝时间的测定更为直观。

在水泥净浆加水搅拌后，可能发生异常凝结现象。这种早期凝结又分为假凝和瞬凝。假凝的主要特征是加水凝固后，净浆没有明显温度升高，净浆重新搅拌后可恢复可塑性。产生假凝的原因在于，当水泥加入水中时，半水石膏和无水石膏比 C3A 能更快溶解，形成硫酸钙过饱和溶液，同时转化为二水石膏结晶析出，带来假凝。此外还与水泥中存在的碱有关。

瞬凝的主要特征是当水泥加入水中时，大量放热，很快失去流动性。产生的原因主要是 C3A 含量过高，而水泥中为渗入石膏或掺入的石膏中 SO_3 过低引起的。

对于水泥早期凝固的测定方法，可参照本方法进行。在完成净浆成型后，用标准维卡仪试杆下端对准距圆模边缘直径 1/3 处，在净浆完成搅拌 20 s 后，测定试杆下沉 30 s 时的深度为初始针入度；在净浆搅拌 5 min 后，测定试杆下沉 30 s 时的深度为终期针入度；完成终期针入度测定后，将圆模中的净浆边同剩余净浆放回搅拌机中搅拌 1 min，再次测定得到的针入度，为再拌针入度。对于快凝水泥，可以采用针入度来表征终结时间的快慢。

§4　水泥胶砂强度检验方法(ISO 法)(部分)
GB/T 17671—1999

1. 范围

本方法规定了水泥胶砂强度检验基准方法的仪器、材料、胶砂组成、试验条件、操作步骤和结果计算等。其抗压强度测定结果与 ISO 679 结果等同。同时也列入可代用的标准砂和振实台，当代用后结果有异议时以基准方法为准。

本方法适用于硅酸盐水泥、普通硅酸盐水泥、矿渣硅酸盐水泥、粉煤灰硅酸盐水泥、复合硅酸盐水泥、石灰石硅酸盐水泥的抗折与抗压强度的检验。其他水泥采用本标准时必须研究本标准规定的适用性。

2. 引用标准

本标准中引用了水泥胶砂强度检验方法相关标准的条文构成本标准的条文。

3. 方法概要

本方法为 40 mm×40 mm×160 mm 棱柱试体的水泥抗压强度和抗折强度测定。

试体是由按质量计的 1 份水泥、3 份中国 ISO 标准砂，用 0.5 的水胶比拌制的一组塑性胶砂制成。中国 ISO 标准砂的水泥抗压强度结果必须与 ISO 基准砂的相一致。

胶砂用行星搅拌机搅拌，在振实台上成型。也可使用频率 2 800～3 000 次/min，振幅 0.75 mm 振动台成型。

试体连模一起在湿气中养护 24 h，然后脱模在水中养护至强度试验。

到试验龄期时将试体从水中取出，先进行抗折强度试验，折断后每截再进行抗压强度试验。

4. 试验室和设备

4.1　试验室

试体成型试验室的温度应保持在 20 ℃±2 ℃，相对湿度应不低于 50%。

试体带模养护的养护箱或雾室温度保持在 20 ℃±1 ℃，相对湿度不低于 90%。

试体养护池水温度应在 20 ℃±1 ℃范围内。

试验室空气温度和相对湿度及养护池水温在工作期间每天至少记录一次。

养护箱或雾室的温度与相对湿度至少每 4 h 记录一次，在自动控制的情况下记录次数可以酌减至一天记录二次。在温度给定范围内，控制所设定的温度应为此范围中值。

4.2　设备

4.2.1　总则

设备中规定的公差，试验时对设备的正确操作很重要。当定期控制检测发现公差不符时，该设备应替换，或及时进行调整和修理。控制检测记录应予保存。

对新设备的接收检测应包括本标准规定的质量、体积和尺寸范围，对于公差规定的临界尺寸要特别注意。

有的设备材质会影响试验结果，这些材质也必须符合要求。

4.2.2　试验筛

金属丝网试验筛应符合 GB/T 6003 要求，其筛网孔尺寸见表 1(R20 系列)。

表 1　试验筛

系数	网眼尺寸/mm
R20	2.0 1.6 1.0 0.50 0.16 0.080

4.2.3　搅拌机

搅拌机(附图 5)属行星式，应符合 JC/T 681 要求。

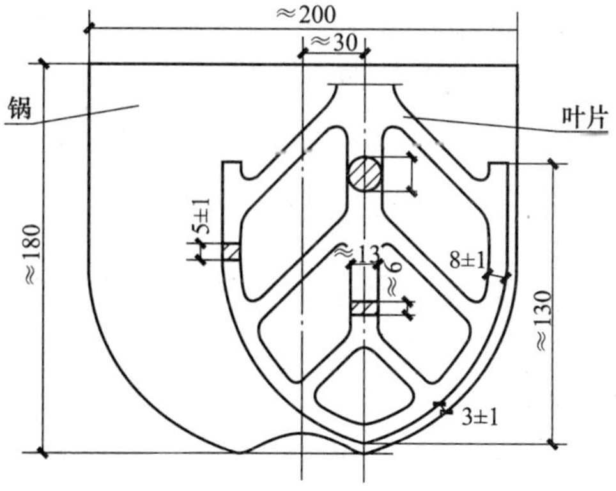

附图 5　搅拌机

用多台搅拌机工作时，搅拌锅和搅拌叶片应保持配对使用。叶片与锅之间的间隙，是指叶片与锅壁最近的距离，应每月检查一次。

4.2.4 试模

试模由三个水平的模槽组成(附图6)，可同时成型三条截面为40 mm×40 mm，长度为160 mm的菱形试体，其材质和制造尺寸应符合JC/T 726的要求。

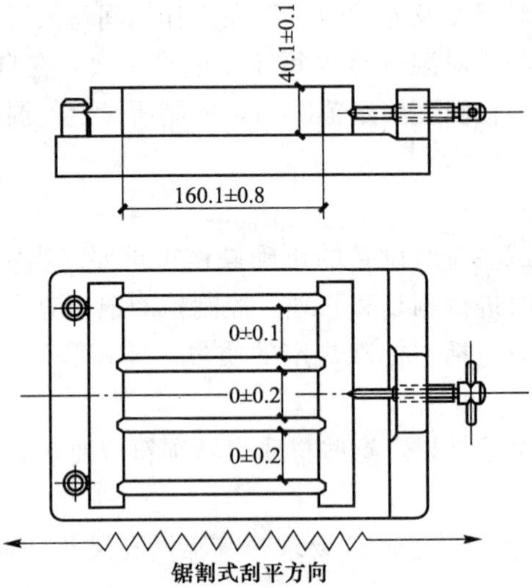

附图6 典型的试模

注：不同生产厂家生产的试模和振实台可能有不同的尺寸和重量。因而买主应在采购时考虑其与振实台设备的匹配性。

当试模的任何一个公差超过规定的要求时，就应更换。在组装备用的干净模型时，应用黄干油等密封材料涂覆模型的外接缝。试模的内表面应涂上一薄层模型油或机油。

成型操作时，应在试模上面加有一个壁高20 mm的金属模套，当从上往下看时，模套壁与模型内壁应该重叠，超出内壁不应大于1 mm。

为了控制料层厚度和刮平胶砂，应备有附图7所示的2个播料器和1个金属刮平直尺。

振实台(附图8)应符合JC/T 682要求。振实台应安装在高度约400 mm的混凝土基座上。混凝土体积约为0.25 m^3，重约为600 kg。需防外部振动影响振实效果时，可在整个混凝土基座下放一层厚度约为5 mm天然橡胶弹性衬垫。

将仪器用地脚螺钉固定在基座上，安装后设备成水平状态，仪器底座与基座之间要铺一层砂浆以保证它们的完全接触。

4.2.6 抗折强度试验机

抗折强度试验机应符合JC/T 724的要求。试件在夹具中受力状态如附图9所示。

通过三根圆柱轴的三个竖向平面应该平行，并在试验时继续保持平行和等距离垂直试体的方向，其中一根支撑圆柱和加荷圆柱能轻微地倾斜使圆柱与试体完全接触，以便荷载沿试体宽度方向均匀分布，同时不产生任何扭转应力。

抗折强度也可用抗压强度试验机(见4.2.7)来测定，此时应使用符合上述规定的夹具。

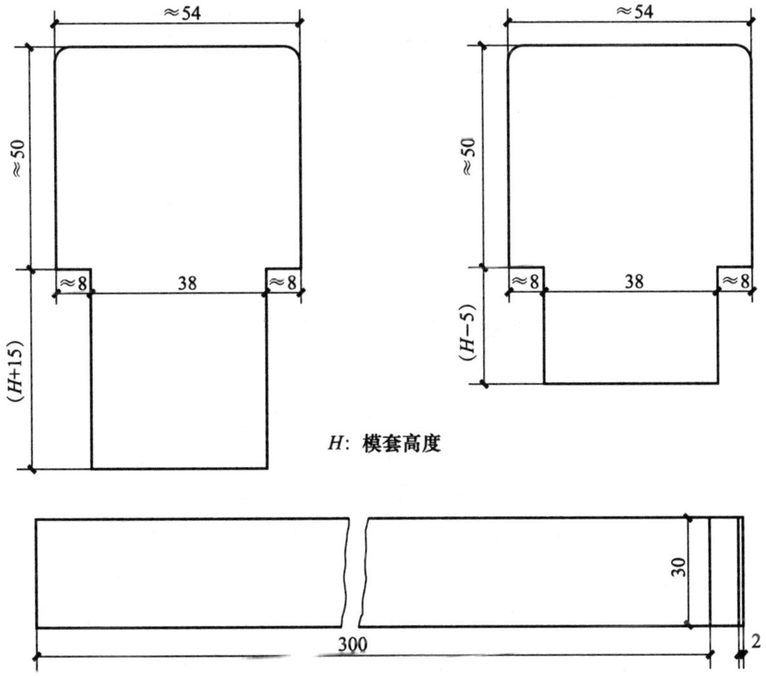

附图 7　典型的播料器和金属刮平尺

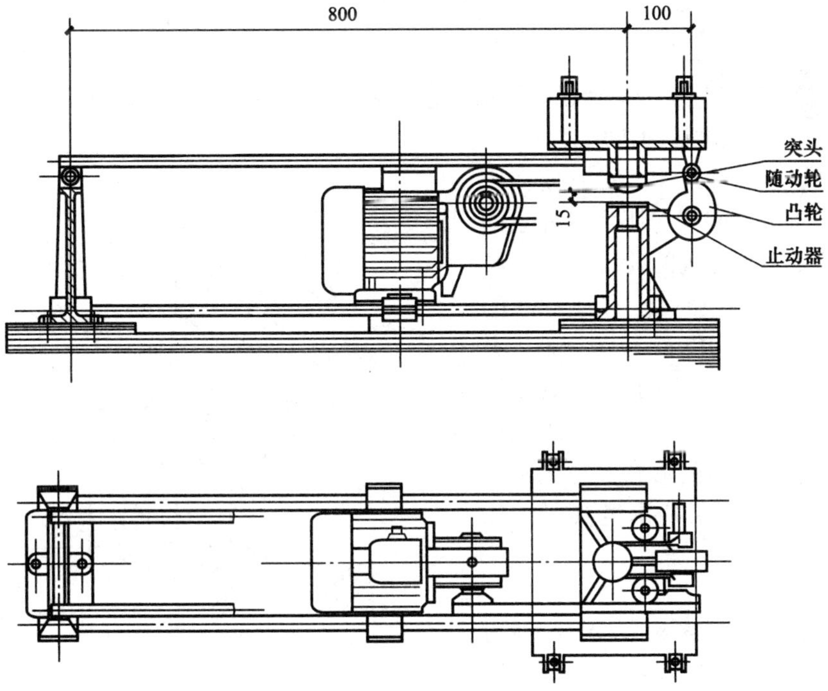

附图 8　典型的振实台

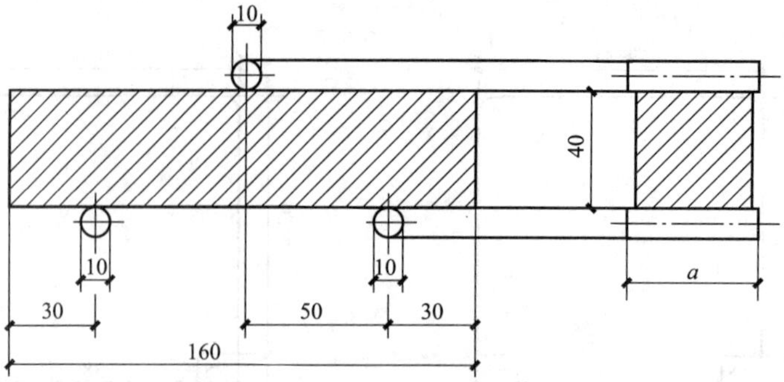

附图 9　抗折强度测定加荷图

4.2.7　抗压强度试验机

抗压强度试验机，在较大的 4/5 量程范围内使用时记录的荷载应有±1%精度，并具有按 2 400 N/s±200 N/s 速率的加荷能力，应有一个能指示试件破坏时荷载并把它保持到试验机卸荷以后的指示器，可以用表盘里的峰值指针或显示器来达到。人工操纵的试验机应配有一个速度动态装置以便于控制荷载增加。

压力机的活塞竖向轴应与压力机的竖向轴重合，在加荷时也不例外，而且活塞作用的合力要通过试件中心。压力机的下压板表面应与该机的轴线垂直并在加荷过程中一直保持不变。

压力机上压板球座中心应在该机竖向轴线与上压板下表面相交点上，其公差为±1 mm。上压板在与试体接触时能自动调整，但在加荷期间上、下压板的位置应固定不变。

试验机压板应由维氏硬度不低于 HV600 硬质钢制成，最好为碳化钨，厚度不小于 10 mm，宽为 40 mm±0.1 mm，长不小于 40 mm。压板和试件接触的表面平面度公差应为 0.01 mm，表面粗糙度(R_a)应为 0.1～0.8。

当试验机没有球座，或球座已不灵活或直径大于 120 mm 时，应采用 4.2.8 规定的夹具。

4.2.8　抗压强度试验机用夹具

当需要使用夹具时，应把它放在压力机的上下压板之间并与压力机处于同一轴线，以便将压力机的荷载传递至胶砂试件表面。夹具应符合 JC/T 683 的要求，受压面积为 40 mm×40 mm。夹具在压力机上位置如附图 10，夹具要保持清洁，球座应能转动以使其上压板能从一开始就适应试体的形状并在试验中保持不变。使用中夹具应满足 JC/T 683 的全部要求。

注

1　可以润滑夹具的球座，但在加荷期间不会使压板发生位移。不能用高压下有效的润滑剂。

2　试件破坏后，滑块能自动回复到原来的位置。

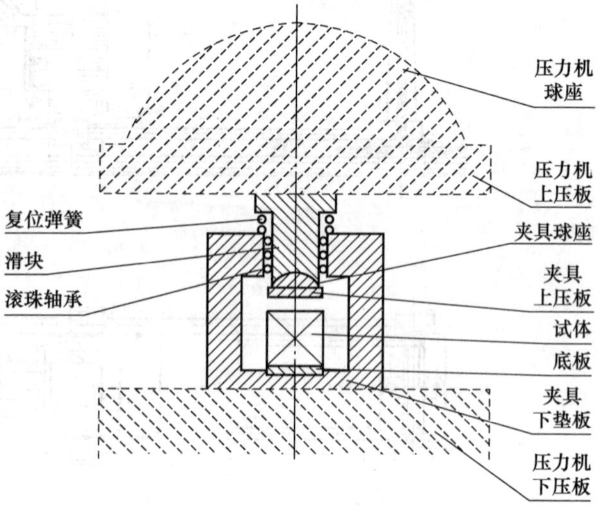

附图 10　典型的抗压强度试验夹具

5　胶砂组成

5.1　砂

5.1.1　总则

各国生产的 ISO 标准砂都可以用来按本标准测定水泥强度。中国 ISO 标准砂符合 ISO 679 中 5.1.3 要求。中国 ISO 标准砂的质量控制按本标准第 11 章进行。对标准砂作全面地和明确地规定是困难的，因此，在鉴定和质量控制时使砂子与 ISO 基准砂比对标准化是必要的。ISO 基准砂在 5.1.2 中叙述。

5.1.2　ISO 基准砂

ISO 基准砂(reference sand)是由德国标准砂公司制备的 SiO_2 含量不低于 98%的天然的圆形硅质砂组成，其颗粒分布在表 2 规定的范围内。

表 2　ISO 基准砂颗粒分布

方孔边长/mm	累计筛余/%
2.0	0
1.6	7±5
1.0	33±5
0.5	67±5
0.16	87±5
0.08	99±1

砂的筛析试验应用有代表性的样品来进行，每个筛子的筛析试验应进行至每分钟通过量小于 0.5 g 为止。

砂的湿含量是在 105 ℃～110 ℃下用代表性砂样烘 2 h 的质量损失来测定，以干基的质量百分数表示，应小于 0.2%。

5.1.3　中国 ISO 标准砂

中国 ISO 标准砂完全符合 5.1.2 颗粒分布和湿含量的规定。生产期间这种测定每天应至少进行一次。这些要求不足以保证标准砂与基准砂等同。这种等效性是通过标准砂和基准砂比对检验程序来保持的。

中国 ISO 标准砂可以单级分包装，也可以各级预配合以 1 350 g±5 g 量的塑料袋混合包装，但所用塑料袋材料不得影响强度试验结果。

5.2　水泥

当试验水泥从取样至试验要保持 24 h 以上时，应把它贮存在基本装满和气密的容器里，这个容器应不与水泥起反应。

5.3　水

仲裁试验或其他重要试验用蒸馏水，其他试验可用饮用水。

6　胶砂的制备

6.1　配合比

胶砂的质量配合比应为 1 份水泥(见 5.2)3 份标准砂(见 5.1)和半份水(见 5.3)(水胶比为 0.5)。一锅胶砂成三条试体，每锅材料需要量见表 3。

表 3　每锅胶砂的材料数量　g

材料量 / 水泥品种	水泥	标准砂	水
硅酸盐水泥	450±2	1 350±5	225±1
普通硅酸盐水泥			
矿渣硅酸盐水泥			
粉煤灰硅酸盐水泥			
复合硅酸盐水泥			
石灰石硅酸盐水泥			

6.2　配料

水泥、砂、水和试验用具的温度与试验室相同(见 4.1)，称量用的天平精度应为±1 g。当用自动滴管加 225 mL 水时，滴管精度应达到±1 mL。

6.3　搅拌

每锅胶砂用搅拌机(见 4.2.3)进行机械搅拌。先使搅拌机处于待工作状态，然后按以下的程序进行操作：

把水加入锅里，再加入水泥，把锅放在固定架上，上升至固定位置。

然后立即开动机器，低速搅拌 30 s 后，在第二个 30 s 开始的同时均匀地将砂子加入。当各级砂是分装时，从最粗粒级开始，依次将所需的每级砂量加完。把机器转至高速再拌 30 s。

停拌 90 s，在第 1 个 15 s 内用一胶皮刮具将叶片和锅壁上的胶砂，刮入锅中间。在高速下继续搅拌 60 s。各个搅拌阶段，时间误差应在±1 s 以内。

7　试件的制备

7.1　尺寸应为 40 mm×40 mm×160 mm 的棱柱体。

7.2　成型

7.2.1　用振实台成型

胶砂制备后立即进行成型。将空试模和模套固定在振实台上，用一个适当勺子直接从搅拌锅里将胶砂分二层装入试模，装第一层时，每个槽里约放 300 g 胶砂，用大播料器(附图 7)垂直架在模套顶部沿每个模槽来回一次将料层播平，接着振实 60 次。再装入第二层胶砂，用小播料器播平，再振实 60 次。移走模套，从振实台上取下试模，用一金属直尺(附图 7)以近似 90°的角度架在试模模顶的一端，然后沿试模长度方向以横向锯割动作慢慢向另一端移动，一次将超过试模部分的胶砂刮去，并用同一直尺在近乎水平的情况下将试体表面抹平。

在试模上作标记或加字条标明试件编号和试件相对于振实台的位置。

7.2.2　用振动台成型

当使用代用的振动台成型时，操作如下：

在搅拌胶砂的同时将试模和下料漏斗卡紧在振动台的中心。将搅拌好的全部胶砂均匀地装入下料漏斗中，开动振动台，胶砂通过漏斗流入试模。振动 120 s±5 s 停车。振动完毕，取下试模，用刮平尺以 7.2.1 规定的刮平手法刮去其高出试模的胶砂并抹平。接着在试模上作标记或用字条表明试件编号。

8 试件的养护

8.1 脱模前的处理和养护

去掉留在模子四周的胶砂。立即将做好标记的试模放入雾室或湿箱的水平架子上养护，湿空气应能与试模各边接触。养护时不应将试模放在其他试模上。一直养护到规定的脱模时间时取出脱模。脱模前，用防水墨汁或颜料笔对试体进行编号和做其他标记。2 个龄期以上的试体，在编号时应将同一试模中的 3 条试体分在 2 个以上龄期内。

8.2 脱模

脱模应非常小心 1)。对于 24 h 龄期的，应在破型试验前 20 min 内脱模 2)。对于 24 h 以上龄期的，应在成型后 20～24 h 脱模。

注：如经 24 h 养护，会因脱模对强度造成损害时，可以延迟至 24 h 以后脱模，但在试验报告中应予说明。

已确定作为 24 h 龄期试验(或其他不下水直接做试验)的已脱模试体，应用湿布覆盖至做试验时为止。

8.3 水中养护

将做好标记的试件立即水平或竖直放在 20 ℃±1 ℃水中养护，水平放置时刮平面应朝上。

试件放在不易腐烂的篦子上，并彼此间保持一定间距，以让水与试件的六个面接触。养护期间试件之间间隔或试体上表面的水深不得小于 5 mm。

注：不宜用木篦子。

每个养护池只养护同类型的水泥试件。

最初用自来水装满养护池(或容器)，随后随时加水保持适当的恒定水位，不允许在养护期间全部换水。

除 24 h 龄期或延迟至 48 h 脱模的试体外，任何到龄期的试体应在试验(破型)前 15 min 从水中取出。揩去试体表面沉积物，并用湿布覆盖至试验为止。

8.4 强度试验试体的龄期

试体龄期是从水泥加水搅拌开始试验时算起。不同龄期强度试验在下列时间里进行。

——24 h±15 min；

——48 h±30 min；

——72 h±45 min；

1)脱模时可用塑料锤或橡皮榔头或专门的脱模器。

2)对于胶砂搅拌或振实操作，或胶砂含气量试验的对比，建议称量每个模型中试体的重量。

——7 d±2 h；

——>28 d±8 h。

9 试验程序

9.1 总则

用 4.2.6 规定的设备以中心加荷法测定抗折强度。

在折断后的棱柱体上进行抗压试验，受压面是试体成型时的两个侧面，面积为 40 mm×40 mm。

当不需要抗折强度数值时，抗折强度试验可以省去。但抗压强度试验应在不使试件受有害应力情况下折断的两截棱柱体上进行。

9.2　抗折强度测定

将试体一个侧面放在试验机(见 4.2.6)支撑圆柱上，试体长轴垂直于支撑圆柱，通过加荷圆柱以 50 N/s+10 N/s 的速率均匀地将荷载垂直地加在棱柱体相对侧面上，直至折断。

保持两个半截棱柱体处于潮湿状态直至抗压试验。

抗折强度 R_f 以牛顿每平方毫米(MPa)表示，按式(1)进行计算：

$$R_f=\frac{1.5F_fL}{b^3} \tag{1}$$

式中　F_f——折断时施加于棱柱体中部的荷载(N)；

L——支撑圆柱之间的距离(mm)；

b——棱柱体正方形截面的边长(mm)。

9.3　抗压强度测定

抗压强度试验通过 4.2.7 和 4.2.8 规定的仪器，在半截棱柱体的侧面上进行。

半截棱柱体中心与压力机压板受压中心盖应在±0.5 mm 内，棱柱体露在压板外的部分约有 10 mm。

在整个加荷过程中以 2 400 N/s±200 N/s 的速率均匀地加荷直至破坏。

抗压强度 R_c 以牛顿每平方毫米(MPa)为单位，按式(2)进行计算：

$$R_c=\frac{F_c}{A} \tag{2}$$

式中　F_c——破坏时的最大荷载(N)；

A——受压部分面积(mm^2)(40 mm×40 mm=1 600 mm^2)。

10　水泥的合格检验

10.1　总则

强度测定方法有两种主要用途，即合格检验和验收检验。本条叙述了合格检验，即用它确定水泥是否符合规定的强度要求。验收检验在第 11 章叙述。

10.2　试验结果的确定

10.2.1　抗折强度

以组 3 个棱柱体抗折结果的平均值作为试验结果。当三个强度值中有超出平均值±10%时，应剔除后再取平均值作为抗折强度试验结果。

10.2.2　抗压强度

以一组三个棱柱体上得到的六个抗压强度测定值的算术平均值为试验结果。

如六个测定值中有一个超出六个平均值的±10%，就应剔除这个结果，而以剩下五个的平均数为结果。如果五个测定值中再有超过它们平均数±10%的，则此组结果作废。

10.3　试验结果的计算

各试体的抗折强度记录至 0.1 MPa，按 10.2.1 规定计算平均值。计算精确至 0.1 MPa。

各个半棱柱体得到的单个抗压强度结果计算至 0.1 MPa，按 10.2.2 规定计算平均值，计算精确至 0.1 MPa。

10.4　试验报告

报告应包括所有各单个强度结果(包括按 10.2 规定舍去的试验结果)和计算出的平均值。

参考文献

[1] 高琼英．建筑材料[M].2版．武汉：武汉理工大学出版社，2002.

[2]《土木工程材料》编写组．土木工程材料[M]. 北京：中国建筑工业出版社，2002.

[3] 北京土木建筑学会．建筑材料试验手册[M]. 北京：冶金工业出版社，2006.

[4] 潘全祥．试验员[M]. 北京：中国建筑工业出版社，2005.

[5] 宋岩丽，建筑材料与检测[M]. 上海：同济大学出版社，2010.

[6] 中华人民共和国国家标准．GB 175—2007 通用硅酸盐水泥[S]. 北京：中国标准出版社，2008.

[7] 王忠德，张彩霞，方碧华，等．实用建筑材料试验手册[M]. 北京：中国建筑工业出版社，2005.

[8] 安娜，高琼英，王社欣．建筑材料实训指导书习题集[M]. 北京：人民交通出版社，2007.